縦型動画で世界を制す

一瞬のマジックで心をつかむ方法

著・Kiona

まえがき

カメラすらもっていなかった僕が、いまこうして縦型動画の本を書いている理由

僕が動画の世界に足を踏み入れたのは、２０２１年、39歳のとき。まったく未知の世界でした。

３年目に入った僕は現在、ＳＮＳの総フォロワー数は35万人で、大手６社とアンバサダー契約を結んでいます。２０２３年以降は、名だたるグローバル企業30社以上と、動画の仕事をしています。

正直、僕自身はなんのサクセスとも思ってませんが……。そんな夢のような話があるのか、とよくみなさんに不思議がられます。

現代の1年は一昔前の5年分ぐらいを凝縮した時間が流れていると思ってます。ものすごいスピードでテクノロジーが進化し、ものすごいスピードで世界が動いている時代。

世界中から簡単に情報を取り、何でも学ぶことができます。的を射た正しい努

力をし、情熱を燃やし、全振りして本気で向き合えば、短期間で誰でも、ある程度、何にでもなれると思います。

動画をはじめた時点で、僕はまったくの初心者でした。

19歳で音楽業界に飛び込み、アーティストのプロデュースなど、主にエンタメ業界の裏方の仕事をしてきました。約20年間、大好きな音楽に必死にしがみついていましたが、成功をつかみかけては失敗し、目標を失っていました。

エンタメの仕事をあきらめて、心機一転、台湾移住が決まっていた矢先に、コロナ禍になります。身動きが取れなくなったとき、友人の影響で、たまたまカメラを買ったのです。それまでは、カメラを持っていませんでした。

その後、いま、SNSで主流となっている「縦型動画」に出会いました。

あれから3年。

僕の仕事は動画をつくることになっています。

はじめた時点で、仕事にしようという思いはまったくありませんでした。正直言うと、いまもありません。

カメラという自己表現のツールを手に入れた僕は、夢中になりました。自分の好きな作品を撮るよろこび。自分自身を表現できるよろこび。それをSNSに投稿し、人に見てもらえるよろこび。それらは、エンタメの世界で生きていくことをあきらめていた僕を、蘇らせてくれました。気づくと、20代から年上まで、さまざまな世代やジャンルの仲間ができて日々刺激を受け、国内外から、たくさんの仕事のオファーをいただくようになっていました。

この本には、僕が2年間で獲得した縦型動画の技術から、動画作成を続けていく上での心構えや習慣、これから動画をはじめる人や、技術もキャリアもたくさんあるのにバズることができないベテランクリエイター、さらにもっとコンテンツをバズらせたいと考えている人に役立つと思うことを、すべて詰め込みました。

趣味であれ、ビジネス目的であれ、動画をはじめるのに、遅いということは決してありません。むしろ動画制作は、幅広い人生経験がいかせる世界です。

30代、40代、さらにその上の世代にこそ、チャンスがあると思っています。

また、僕が初心者から2年でグローバル企業のアンバサダーになれたように、必要な技術やノウハウを身につければ、世界で活躍できる業界でもあります。

僕を蘇らせてくれたSNSの根幹は〝シェア〟していくことにあります。僕の経験を伝えることで、誰かの人生のほんのわずかでも、何かいいきっかけになれたらうれしい。そういう気持ちで、この本を書きました。

2024年1月
Kiona

目次

ご注意

ご購入・ご利用の前に必ずお読みください

● 本書に記載された内容は、情報のご提供のみを目的としています。したがって、本書を参考にした運用は、必ずご自身の責任と判断において行ってください。本書の情報に基づいた運用の結果、想定した通りの成果が得られなかったり、損害が発生しても弊社および著者はいかなる責任も負いません。

● 本書に記載されている情報は、特に断りがない限り、2024年1月時点での情報に基づいています。ご利用時には変更されている場合がありますので、ご注意ください。

● 本書は、著作権法上の保護を受けています。本書の一部あるいは全部について、いかなる方法においても無断で複写、複製することは禁じられています。

● 本文中に記載されている会社名、製品名などは、すべて関係各社の商標または登録商標、商品名です。なお、本文中には™マーク、©マークは記載しておりません。

Chapter

01

縦型動画をフルアテンションで見てもらうために

section

01

スマホひとつで名作はつくれる

これから動画をはじめたいと思っている方が、新たに用意するものは、なにもありません。

高い機材を買う必要もありません。なぜなら、**スマホひとつで、作品はつくれる**からです。むしろ最初はスマホがいいです。第一に、操作に慣れ親しんでおり、簡単に撮れます。

僕は過去にはiPhone、現在はSony Xperiaを使っています。

それぞれの端末にはそれぞれのよさがあります。

操作が簡単で、わかりやすく、いたってシンプルなのがiPhone。一方、**本格的なプロの撮影機材のように細かく設定することができるのはXperia**です。

いずれにしても、どちらでも、美しい動画が簡単に撮れてしまう。

スマホがいい理由の2点目は、常に携帯しており、決定的瞬間に立ち会うことができるから。

急な雨、ペットのかわいい顔、美しい夕陽……絵になる瞬間は、突然やってきます。またとない瞬間に立ち会い、その瞬間を収めることは、高い機材を使うことや、技術を身につけることと同等に、作品にとっては大切です。

技術は、やっているうちに自然と磨かれていくものです。だから、技術がアップし、必要性を感じたときに、新たな機材を買えば十分。もしあなたがスマホを持っているなら、あなたはすでに、動画をはじめる環境にあるということです。

なによりもまず、最初は動画をつくってみるという一歩を踏みだすことが大切です。

スマートフォンSony Xperia のみでの撮影。冬の海岸線を背景に横で撮影した動画をAdobe Premiereで4分割した画像にまとめ、臨場感を引き出した。

縦型動画はもともとスマートフォンに最適化された仕様になっている。高性能のスマホでの撮影は、操作が容易な上、十分なクオリティを保つことができる

section

02

見る人にいかに覚えてもらうかがカギ

営業マンが、名刺にワンポイントを書いて、お客さんに覚えてもらおうとするように、SNSに限らず、**人間は覚えられてなんぼ**、ではないでしょうか。

今の時代、「悪名は無名に勝る」も、ひとつの真実だと僕は思います。

では、動画の世界で、どうやって覚えてもらうか。

ポイントは、**インパクトと継続性**です。

インスタグラム上には常に似たり寄ったりの同じような作品が溢れかえっています。

僕の作品は**奇抜で個性的**といわれることが多いです。

ジンバル（動画撮影で発生しがちな手ブレを画期的に補正する機械）をセーラー服や、メイド服、袴姿の女の子に持たせる動画は定番のひとつです。ほかにも肩車して銀座の街を駆け抜けたり、普通の女の子がいきなりY字バランスをしたり、透明人間になったり、突然めちゃめちゃエモーショナルなシネマティック作品だったりと、面白系の作品と、真面目系の作品のふり幅大きく、ふりきってつくってます。

特に、僕のジンバル系の作品は、100万回再生超えしているものも多く、最高で1000万回を超えている作品もあります。**Kiona＝ジンバル人**と、認知してくれている人は多いのではと思います。

次に、どうしたらインパクトのある動画をつくることができるのか。

ここでカギになるのが、継続性です。

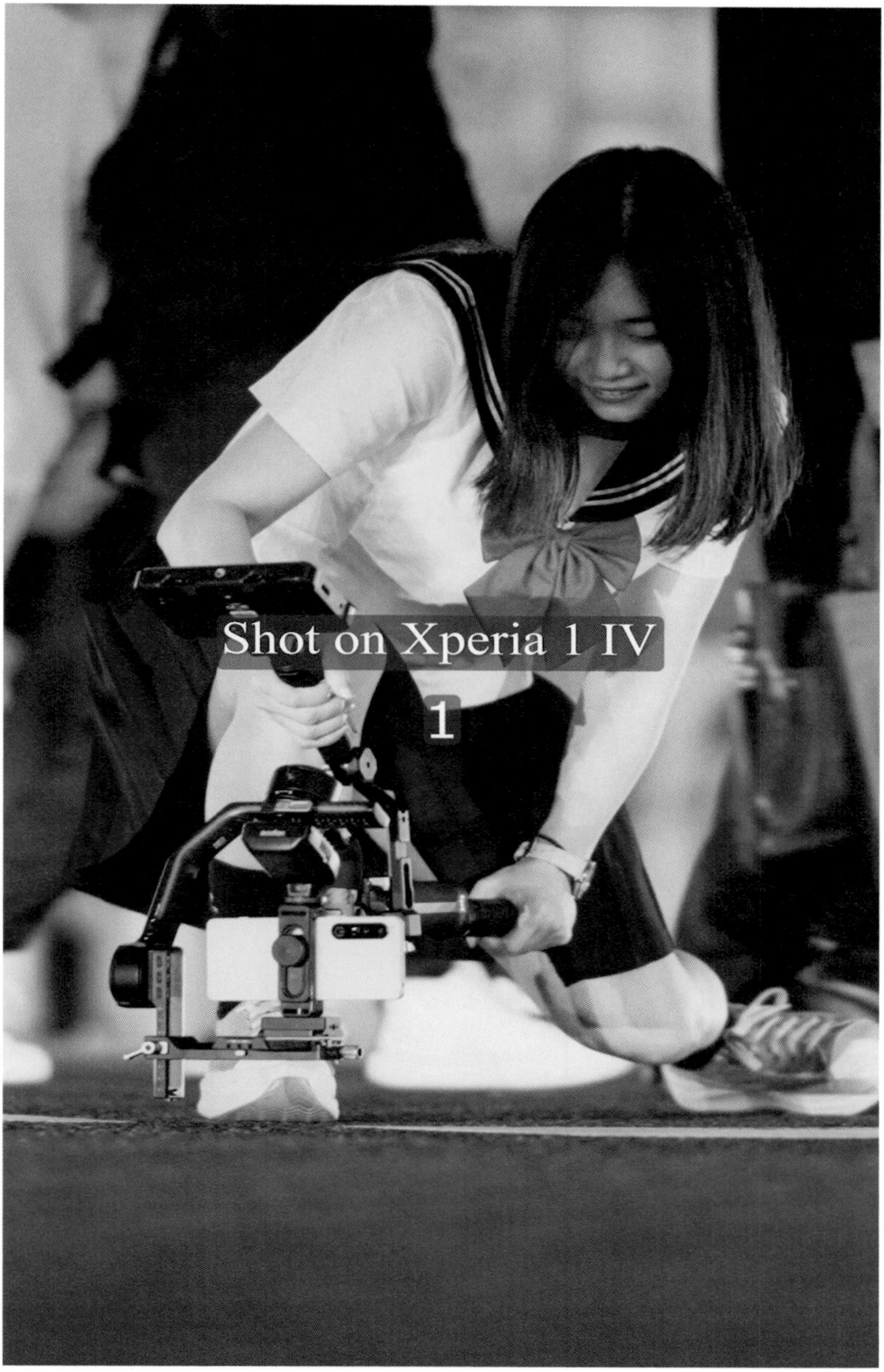

ビジネス街の雑踏に突如現れたセーラー服の女性が、巨大なジンバルでパフォーマンスする。その意表をついた光景にユーザーは目を奪われる

最初から、インパクトのある動画をつくることができる人はいません。もしかしたらいるのかもしれませんが、僕はそうではなかった。

動画をはじめた当初、僕は撮りたい動画を、撮りたいように撮っていました。音楽が大好きなので、好きな音楽を使ったシネマ風の映像をつくっては、インスタグラムにアップしていました。

シネマ風の動画をつくるためには、その世界観にふさわしい被写体が必要です。街に繰り出して人物ウオッチをし、「この人に出てもらいたい！」と思った人に、男性女性問わず、**半年で1000人以上の方たちに声をかけ、スカウト**しました。

そうやって出会った子たちが、後ろ歩きシリーズでバズったあすか（フォロワー5・3万人）だったり、ノーフレンドシリーズでバズったなつか（フォロワー13・5万人）だったり、Y字バランスでバズったかな（フォロワー2万人）だったりするのです。

あすかも、なつかも、かなも、僕と同じタイミングでゼロからインスタグラムをはじめました。一緒に楽しみながら、それぞれの個性を生かし、作品をつくりつづけてきました。

好きなことをやりつづけていくうちに、**自分の「型」**が見つかります。「型」が見つかったら、とことんふりきって、さらにやりつづけてください。

同じことをやっていたら自分が飽きてしまう？　そうならないために、好きであることを大前提に、アレンジを加えながらやり続けることが何より大切です。そこにあなたの唯一無二の個性が生まれ、視聴者に覚えてもらえるのです。

後ろ歩きで撮影して、不思議な効果をつくり出す、後ろ歩きシリーズ。「どうなってるの」と視聴者からの驚きのコメントも。あすか（@azu_lenz）

自分で記念写真を撮るノーフレンドシリーズ。ひとりで奮闘する姿が微笑ましく共感を得ている。なつか（@natsukagraph）

Y字バランスが得意な女性の特性にフォーカスして、美しい開脚姿を継続的に投稿して人々の認知を得た。かな（@chuki_ka72）

section

03

冒頭から見る人の心をつかむ

大都会の交差点にメイド服の女性がジンバルを持つ。この意外性が見る人の心に「これなに!?」と衝撃を投げかけた

視聴者の興味を一瞬でつかむためには、時には現実との「違和感」が大きな要素となる

１秒でつかむ！

見た瞬間に、脳で考える前に、衝撃を与える！

動画をつくるとき、いつも僕が心がけていることです。

今の時代、人は待ってくれません。

かつては、情報を「待つ」時代でした。みんな、テレビの前で、夜９時からはじまるニュースやトレンディドラマを待っていました。

今は自分から**情報を「取りにいく」時代**です。ネットニュース、ＳＮＳ、ネットフリックス……、自分が見たいときに、見たい速度で、見たいコンテンツを見ることができるようになりました。

そんな時代に、入り口で人を待たせちゃいけない。飽きっぽくなった現代人は、１秒見ておもしろくなければ、すぐに次の動画へと移ってしまうから。

だから、**「冒頭から視聴者の心をつかむ」**が必要なのです。

では、どうしたら、１秒でつかむことができるのか。

約２年間、動画の投稿を何十回、何百回、と重ねていくなかで、僕が編みだした鉄則があります。

それは、**謎をかけること**。

人は何らかの謎があると、解きたくなる。答えを探したくなる。そんな本能を持っている、と僕は考えています。

だから本能に訴えかけるために、「これはなんだ?」と思ってもらえる絵（映像）を、最初に持ってくる。

では、どういう絵（映像）に人は謎を感じるのかといえば、さまざまなパターンはあるのですが、僕がよく使う手は「意外さ」。

「ミスマッチ」や「違和感」と言い換えることもできると思います。

たとえば、カメラのレンズを紹介した作品では、冒頭に、レンズをだーっと並べました。一目見て、「これなんだ?」となりませんか?

別の動画では、セーラー服の女子高校生に、イカツい「ジンバル」を持たせました。

昔、『セーラー服と機関銃』という映画がヒットしました。この映画を真似て、女子高校生のイメージからかけ離れたものを組み合わせることで、見る人に「どういうこと?」と思わせたかったのです（13ページ参照）。

「意外性」や「ミスマッチ」、あるいは「違和感」に人は本能的に〝謎〟を感じ、解きたくなるから。

縦型動画は、映画などとは異なり、短い尺でともすればすぐに見過ごされてしまいがちなコンテンツです。わかりにくかったり、ぼんやりとしたメッセージは伝わりにくいものです。驚きとともに、一瞬で感覚的に魅力が伝わる動画が求められるのです。

森の中、三脚を背負って歩く女性。映像の美しさと登場人物とシチュエーションのミスマッチで視聴者の興味を引く

section

04

イントロからサビが正解

学生時代の甘い思い出が突然にフラッシュバックしてくる切ない映像。ドラマチックな展開で視聴者を作品のもつ世界観へ引き込む

ノスタルジックな印象のイメージを連ねて一挙に青春時代の思い出に誘い込む

１秒で視聴者の心をつかむ動画は、音楽でたとえるならば、**「イントロからサビ」**です。

昔のＪポップを思い出していただければわかると思いますが、イントロがあって、Ａメロ、Ｂメロ、間奏ときてサビがくる……これが、ヒット曲の定番でした。

今は常識ががらりと変わりました。

ど頭からサビがくる。最初からメインを持ってくる。米国で最も権威のある音楽チャート・Billboard（ビルボード）のランキングを見れば、これは一目瞭然です。世界でヒットしている曲の多くが、「イントロからサビ」の構造です。

日本でこれをうまく取り入れているのがＹＯＡＳＯＢＩでしょう。いきなりインパクトの強いメロディで引きつけ、テンポよく最後まで聞かせてしまう。

「イントロからサビ」は、音楽に限らず、あらゆる分野のヒットの法則となっています。たとえばアップル製品のホームページを見てください。**ド頭からつかんでくる。かつ、シンプル。**シンプルもまた、今の時代の特徴のひとつです。

僕のベースには音楽があります。Billboardのトップ１００を毎日チェックする生活を20年以上続けてきました。トレンドをチェックしつづけてきた日々が、動画に活きています。

僕も個人的には古いロックなど愛着のある音楽はあります。しかし、それはそれはで自分で大事にしながらも、最新の音楽のヒット構造などは常に分析しています。ＳＮＳは大衆に見てもらうことが大事です。

section

05

世界のどこかに共感してくれる人が必ずいる

動画でなにを発信すればいいでしょうか？

こうした質問をよく受けます。僕の答えはシンプルです。

「自分が好きなこと」

誰にでも好きなことは絶対にあります。そしてひとつあれば十分です。好きなことは語ることができるし、好きなことは続けることができる。SNSは終わりのないマラソンです。継続していくことが何より大切。継続によって自分らしさが徐々に確立するし、継続によってバズる瞬間が訪れるし、継続によってユーザーに徐々に認知されていく。

そして継続の秘訣こそ、自分が好きなことをすること、なのです。好きなことだったら、続けられますよね。

自分の趣味はニッチだから、興味を持ってくれる人が少ないのではないか、と心配する人がいますが、**どんなにニッチな趣味でも問題ありません**。SNSが対象としているのは「世界」だからです。世界を相手にすれば、必ずどこかにあなたに共感する人はいます。

好きなことはあるんだけど、自分はまだ初心者だから、完璧ではないから発信するレベルにないのではないか、と委縮する人もいます。

完璧でなくていいんです。成長過程をみせていけばいい。完璧よりも、一生懸命な姿に人は惹かれるものです。とりわけSNSでは、その傾向が強いです。

自分が好きなもの、思い描いた世界がどんなにニッチでも臆することなくトライしたい。その動画で完結と考えず、成長過程を公開していく気持ちで撮り続けよう

Insta360で撮影。最新の機材を使うことも、発信を続けていく上でひとつのモチベーションとなる

section

06

嘘のないリアリティーこそが人を惹きつける

〝人間性〟が垣間見えたとき、人はその人を好きになる。

これは、今の時代の特徴であると同時に、人間の根本だと僕は思います。

プロのピアニストのピアノは、素人が聴けば、どの人の音色もほとんど同じように美しく聞こえるものではないでしょうか。しかし、ひとたびドキュメンタリー番組で生きざまを知ると、そのピアニストの音が〝スペシャル〟になることがありますよね。

人は人の一生懸命な姿や、その人だけがもつ素顔に、惹かれていくものだと思うのです。

だから僕は動画でも、**嘘のないリアリティー**を大事にしています。

中年の僕がジンバルを持ちながら、必死に走る。時につまずいたりこけたりもする。その姿や、そうやって必死になって撮った動画に、人々は目を留めてくれると思うから。

超カッコいい動画を見たいなら、大企業や世界的ブランドが巨額のバジェットを組んでつくった超カッコいいＣＭを見ればいいのです。多くの人々は、むしろそういった完璧な映像を見慣れています。

素人が完璧を目指す必要はありません。

背伸びしない。完璧を求めない。そこから唯一無二の作品が生まれます。

ありのままの自分を発信してください。

女性が両手を広げて、後ろに倒れる。筆者がそれを受け止める。ただそれだけだが、そんな他愛もないことに必死になっている舞台裏のリアルな姿を見せることで、意外な高評価を得られることもある

section

07

必ず完成させ、やりきることが成長につながる

動画をはじめたら、ひとつの作品をつくりきってください。

そしてインスタグラムなどに投稿してください。

納得がいかなくても、中途半端だと思っても、**いったんつくりきって、世に出すことが大事。** いつまでも自分の中に温めていては、成長はありません。

音楽の仕事をしていたとき、完璧を求めるあまりいつまでも曲が完成しないミュージシャンを見てきました。そういう人は、実力はものすごくあるんです。しかし、残念ながら、なかなか売れない。

いったんやり切る勇気を持ちましょう。

やり切ることで、自分の限界と向き合うことになります。きつい作業ですが、自分の未熟さを受け入れると、次はどうすべきかがおのずと見えてくる。改善の方向性が、目の前に示されるのです。

結果として、次の成長へとつながります。

自分はダメだと思った動画が、**思いがけずウケることだってあります。** 自分のダメと人のダメは違うから。

とはいえ、自分の満足した動画を投稿したい気持ちは僕にもあります。へたくそだなあと凹みながら、投稿することはよくあります。それでもSNSは継続こそが命。魂こめてやり切って、次へ行きましょう。お金だってかかりませんし、誰にも迷惑かけません。途中でやめたら、挫折感しか味わうことができないでしょう。

やりきったことで自分の成長を確認でき、それが自信へとつながっていきます。

友人との散歩風景をライブ感覚で撮影。何気ない放課後の一コマも映像作品として撮り切ることで、ひとつのドラマとして成立する

section

08

人の評判はミクロでなくマクロで把握

動画をＳＮＳなどに投稿するようになると、反応が気になります。「いいね」をもらうとうれしいし、フォロワーが増えるとうれしい。皆に見てもらうためにやっているのだから、当然です。

しかし、**一人ひとりの反応を気にしすぎるのは問題**です。あなたの動画を褒めてくれる人もいれば、ネガティブな意見をいう人もでてきます。

僕は、ネガティブな意見であったとしても、僕の動画に時間を割いてくれたのだからありがたいと思うようにしていますが、ＳＮＳの個別の意見に引っ張られないように心がけています。

一人ひとりに反応すると、自分がなくなっていくからです。

オレはオレの魅力を好きなように発信していくぞ、でいいと思っている。

では、視聴者の反応を無視するのかといえば、そうではありません。

「数字」はきちんと見て、受け止めます。再生回数やフォロワーの増減……反応の総体としての数字はものすごく意識しています。要するに、**他人の反応はマクロで受け止め、ミクロではあまり気にしない**。それが僕のスタンスです。

個別に意見を聞く人はいます。それは信頼している仲間や友人、家族です。そうした顔の見える人の言葉に励まされて、またがんばる。

ＳＮＳの反応は、気にしつつ、気にしすぎないことが大切です。

肯定的なコメントにしろ、否定的なコメントにしろ、コメントを残してくれたことはありがたいことなのです。むしろスルーされて見向きもされないことよりどれだけ価値があるか計り知れません。

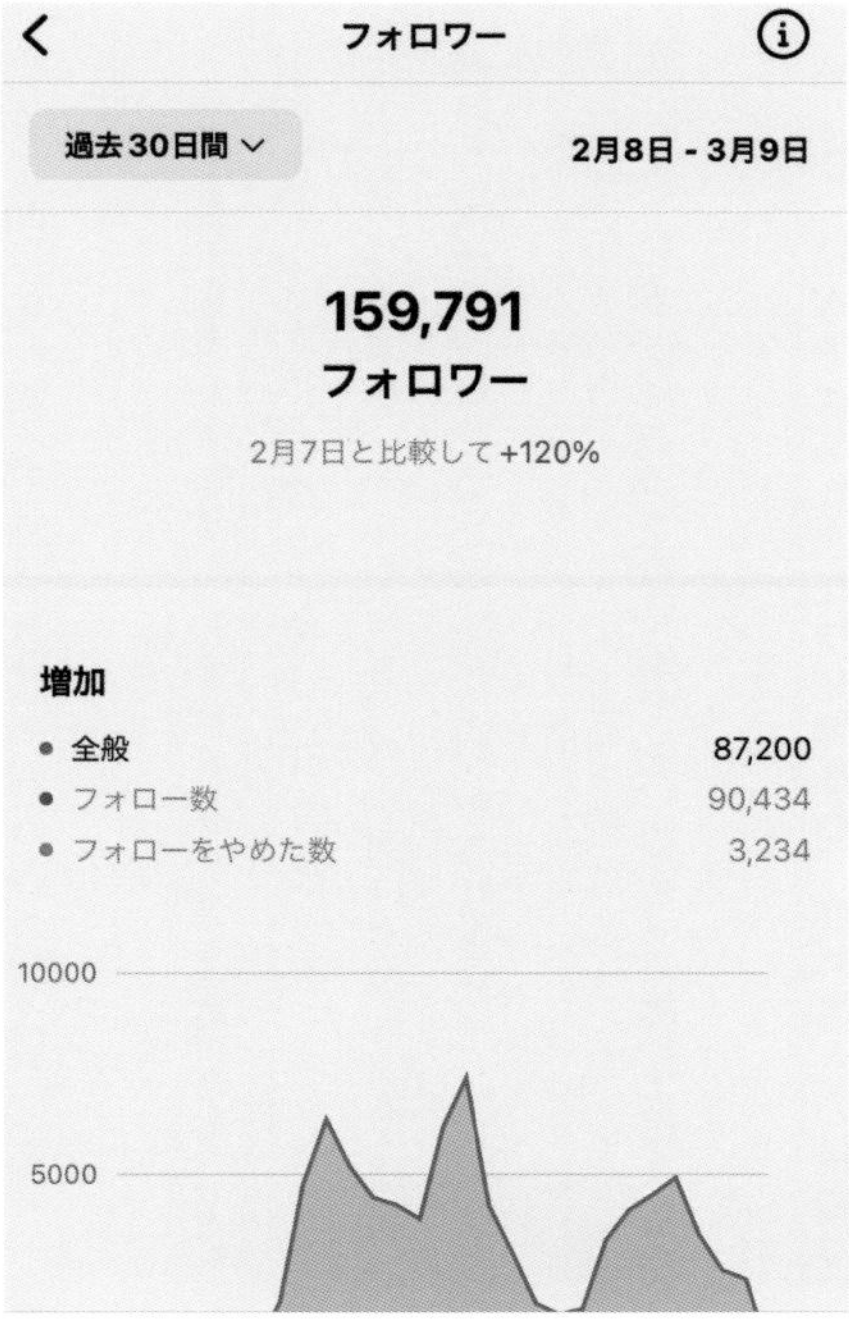

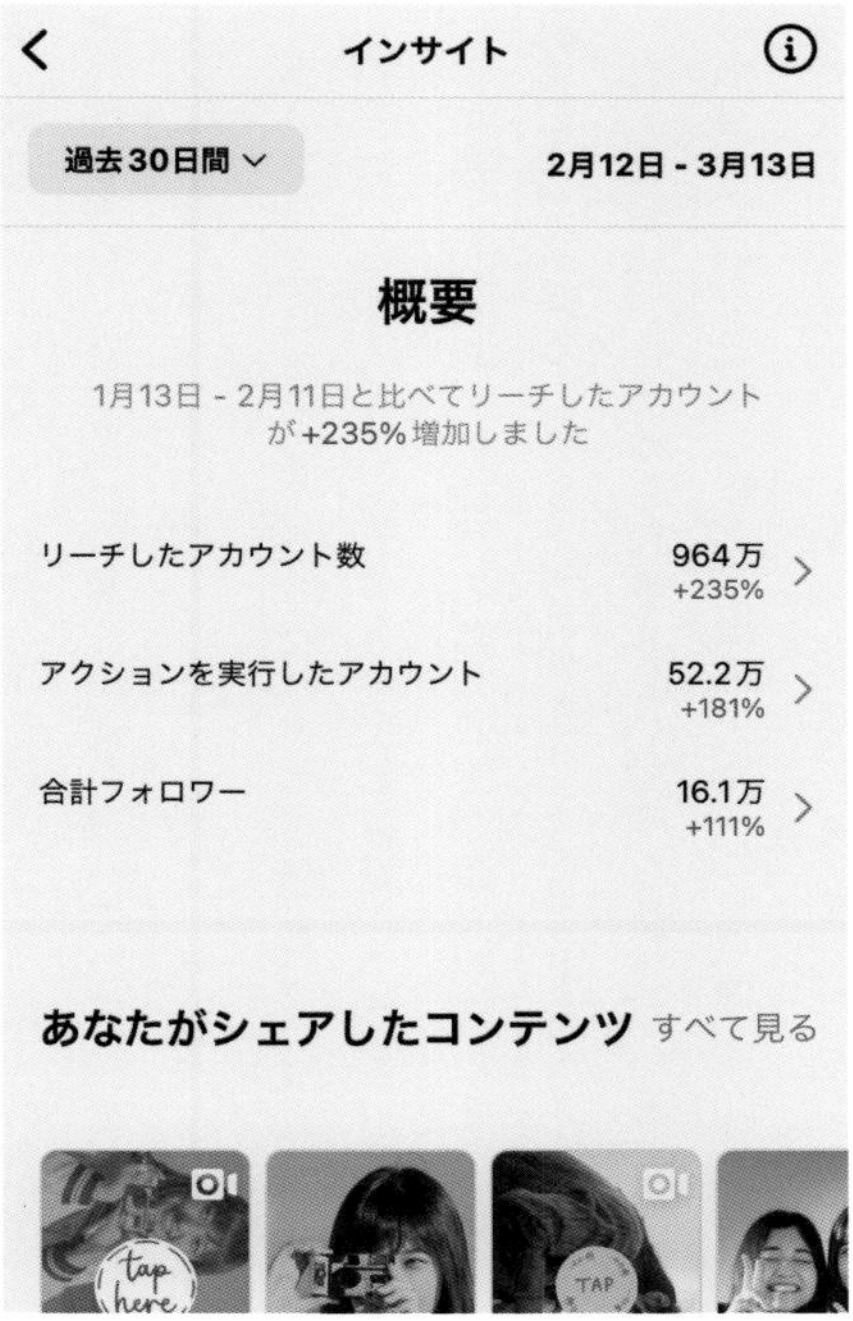

筆者の投稿に対するインスタグラムのインサイト画面。筆者は自分の投稿に対して、「いいね」や「保存数」ほか、どれだけの反応があったかをインサイトから確認する。結果は結果として受け止めるが、それを引きずることはない。右は月間のリーチ数と伸び率など。左は月間のフォロワー数の増加率

section

09

動画で日本という村を出る

世界に向けて一瞬で発信できるのがSNSのよさであり、言葉を超えられるのが動画の強みです。

だから動画制作において、日本にこだわる理由はない、と僕は思っています。海外をどのくらい意識した動画をつくるかは、その人がつくりたいものに拠るところがありますが、少なくとも、日本だけを狙う必要はない、と僕は思います。

世界を視野に入れることには利点しかありませんが、主な3点を挙げます。

第一に、**日本ではニッチな市場でも、世界では同士の人数が60倍**になる。

第二に、**日本ではありきたりな風景も、海外の人の目には、魅力的なコンテンツに映る**ことがある。高校生の下校時の道のりは、海外の人にとってはジブリの世界だろうし、日本人が普通に和食を食べている絵が、海外の人には実写邦画のように映るだろうと思います。

第三に、日本人と、海外の人の反応はけっこう違います。つまり日本でバズらなくても、日本以外の国でバズることはある。それを**〝逆輸入〟することで、今度は日本でバズる**、という可能性だってあるでしょう。

僕の場合は、いわゆる日本らしい動画を撮っているわけではありません。それでも日本だけを意識しないで投稿することで、現在、フォロワーは日本と海外が、半々くらいです。

日本の古い学校の教室や校庭など、日本人にとっては馴染み深い光景も世界レベルで見れば、新鮮な映像となる。世界に発信する素材は、どこにでも転がっているはずだ

section

10

縦型動画は世界とつながる最強のツールだ

「勝手にCMシリーズ」のワンシーン。ヨーグルトなど自分の好きな商品のCMを自主的に公開して注目を集めた

世界に向けて動画を発信しているうちに、海外の企業から仕事をいただくようになりました。

2023年は、ソニー（Xperia）、DJI Japan、Insta360、YASHICA、平和精機工業（Libec）の大手5社と年間アンバサダー契約をしており、浅草観光連盟公式クリエイターとしても契約。そのほか国内、海外グローバル企業30社から新商品のローンチ映像など、仕事の依頼を受けました。その中でも、海外の仕事は8割くらいです。

先日は、デンマークの時計会社からオファーが来ました。社長が僕の動画を見つけて気に入ってくれて、依頼くださったのです。

世界に発信していれば、いつか誰かが見つけてくれる。DMで簡単にコミュニケーションがとれるのも、SNSのよさですよね。

僕は動画をはじめた初期、**「勝手にCMシリーズ」**をつくっていました。ヨーグルト、チョコレート、ビール……といった自分の好きな商品のCMを、文字どおり勝手につくって、投稿していたのです。

これがけっこう人気を集めた。それだけでもうれしいのに、企業の方にもよろこんでもらって、実際に企業とつながったケースもありました。

勝手にCMをつくったら、企業の人に怒られるのではないか？

そう考えるのが〝常識〟なのかもしれません。

僕の考えはこうです。常識なんて関係ない。違法なこと、他人に大きな迷惑をかけることは、当然、ダメ。しかしそれ以外なら、既存のルールや常識に囚われずに、自分が好きなことをやればいい。

今はそういう時代だし、それができるのが、SNSによる動画発信です。

こういう話をすると、「よし、大企業のアンバサダーを狙って動画をはじめよう」と考える人がいるかもしれません。が、すぐにはオファーなど来ません。

とにかく焦らないでください。

僕にしても、具体的にオファーが来はじめたのはフォロワーが1万人を超えたぐらいからです。

すぐに結果を求めると、苦しくなるし、続かなくなってしまいます。ダイエットや筋トレと似ているかもしれません。その日にやって、いきなり激やせしないし、マッチョにはなりませんよね。とにかく継続なんです。

SNSで発信、動画制作を**習慣化**し、これらの活動を生活の一環として定着させること。街中で美しいや衝撃的な瞬間に出あった時に、頭で考える前に、スマホのカメラを構えていたら、あなたはもうバズリの階段、上がっています。

とてもありがたいことに、仕事で動画をつくることが増えた今も、僕は、仕事という感覚だけではやっていません。

好きなことをとことん追求して発信しつづけた先に、バズりがあり、仕事の依頼があると思っています。

「好き」を形にしつづけたことで、評価を得て、のちに国内外の大手カメラメーカー、カメラ関連機器メーカーからの動画作成依頼が増えつづけるようになった

What's Kiona like ?

関係者にインタビュー①

今井寛子さん

（DJI JAPAN 株式会社　SNS マネージャー）

身体が自然とアルゴリズムに同期している人

Kiona さんとの出会いは 2022 年の暮れでした。私からインスタに DM しました。私は DJI で SNS の運用などの仕事をしていますが、日本のクリエイターさんで新しい視点を持っている方を探していたのです。

彼も弊社の製品のファンだということもあり、話が盛り上がりましたし、製品の特性について知り尽くしていたので驚きもありました。

Kiona さんの魅力はいろいろありますが、特に彼はコミュニケーションの天才だなと思っています。大人としてのマナーの良さなどはもちろんですが、ライバルたちに貴重な情報や技術を提供するなど、とても公平なマインドを持っています。日本のクリエイターがみんなで成長することが、最終的には自分にとってもいいことだと、よくわかってるんだと思います。みんなで成功しよう、と彼は考えているのです。

もうひとつ、驚くべきことは、彼はアルゴリズムを感覚で捉えていて、いつもその時どきのアルゴリズムに適正な作品をつくってしまうことです。それは分析とか計算とかじゃなく、彼が直感的に身につけている能力なんだと思います。

動画クリエイターとして活躍し続けることはとても難しく、継続的にヒット作を出す人はなかなかいません。それで途中で諦めてしまう人も多い中、彼は失敗してもケロっとしていて、立ち直りが早い。そんなところもヒットメーカーとしての才能のひとつでしょう。彼が育てたクリエーターも多いですが、これからクリエイターとして成長したい人は、ぜひ彼の声に耳を傾けるべきだと思います。

Chapter

02

縦型動画で
ファンをクギづけろ

section

11

なぜ、いま「縦型」なのか

この本のタイトルに当たり前のように使われている「縦型」ですが、あらためて、なぜ、いま「縦型」なのかを考えてみたいと思います。

まず縦型動画とは、**アスペクト比（縦横サイズ比）が「16：9」の動画**を指します。そしてなぜ、縦型動画なのかといえば、結論をいってしまえば、スマートフォンが縦型だからです。

スマホが縦型だから、動画も縦型が流行っている。

もう少し丁寧にいえば、多くの人がスマホを使っているから、スマホの向きを横向きに変えることなく、フルスクリーンで再生できる縦型動画が流行っている、ということです。

この本を読んでくださる方も実感していると思いますが、パソコンより、スマホでインターネットを使う人の方が多い時代になりました。

総務省の「情報通信白書」（令和5年）によると、2022年のインターネット利用率（個人）は84・9％です。8割以上の人が、個人でインターネットを使うようになっている。

また世帯別の情報通信機器の保有率の推移（総務省・通信利用動向調査）を見ても、スマートフォンとパソコンの所有が2017年度で逆転して、2022年度ではスマートフォンが90％超、パソコンが69％となっています。

こうしたスマートフォン主流の時代において、片手でラクに見ることができる縦型動画が主流となるのは必然だといえるでしょう。スマホが普及したから、縦型動画が広がった。

情報通信機器の世帯保有率の推移(2022)

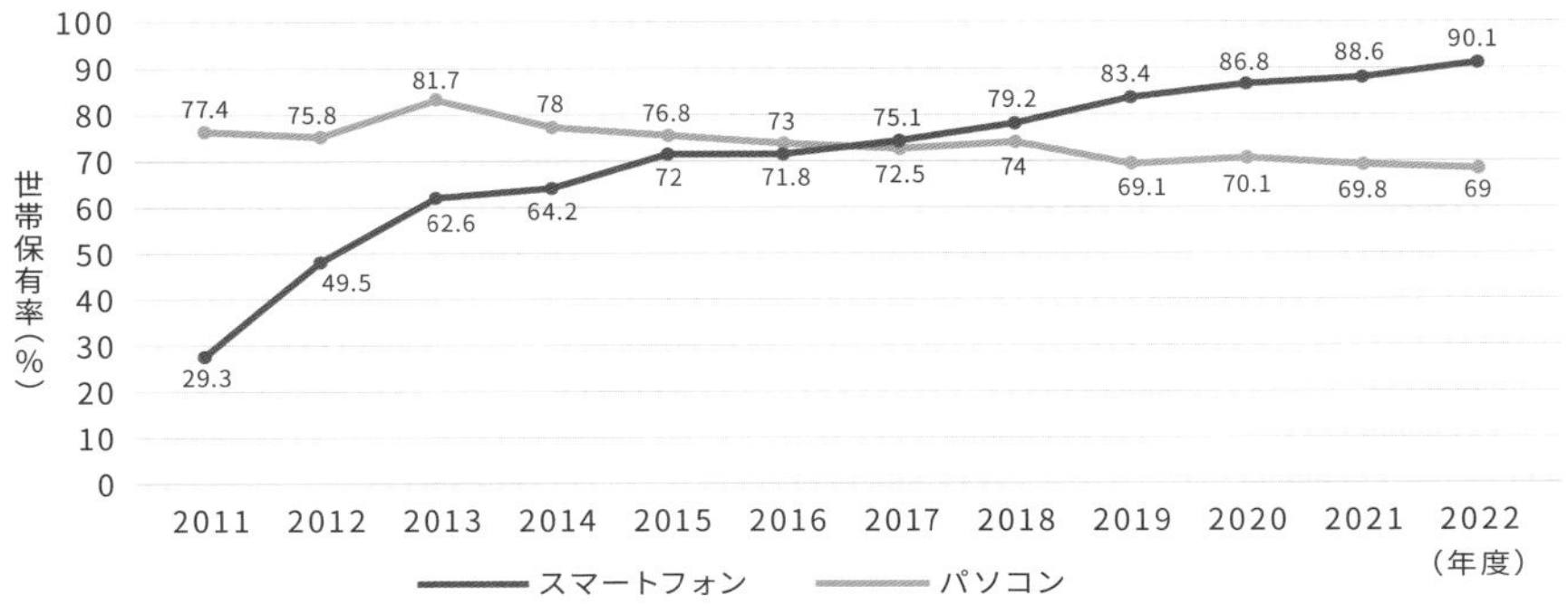

スマートフォンとパソコンの世帯保有率は2017年あたりを境に逆転した

出典：総務省・通信利用動向調査（令和4年度）

縦型動画の画角を意識した撮影がもはや主流となりつつある

デバイスの変化による画角（アスペクト比）の変遷

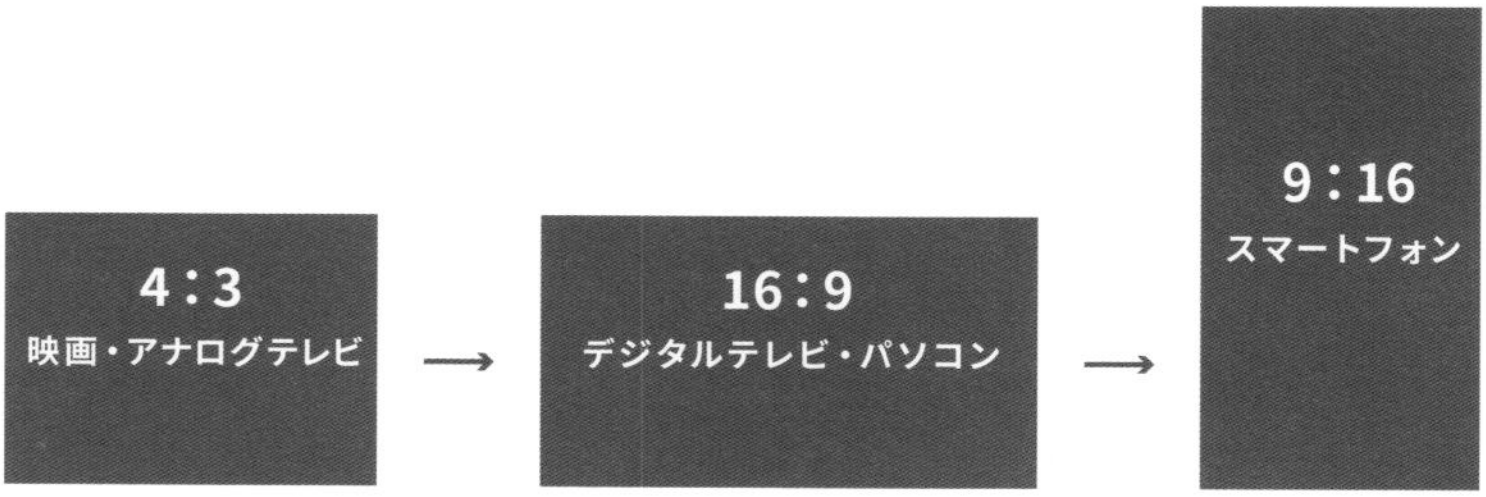

ものすごく単純な話にもかかわらず、縦型が〝新鮮〟に受け止められるのには理由があると思います。

我々は長らく「横型」で生きてきたからです。背景には長きにわたるテレビの時代がありました。もちろん今でもテレビの影響力は甚大です。僕もテレビは大好きです。しかし、ＳＮＳの普及によって、多様化が進んだことも事実です。

テレビ番組の流れを組んで生まれたYouTubeは、現在も「横型」が主流で比較的長い動画を見る媒体ですが、YouTubeショートの普及により、YouTubeも縦型の比率が増えてきました。プラットフォームによって、ユーザーが求めるものも異なります。

僕は、ＳＮＳ総フォロワー数が２５０万人を超えるシンガーソングライター・しまもさんからの依頼で、YouTube用の縦型のフル尺ミュージックビデオを作成しました。

長い尺の縦型ＭＶをつくっているミュージシャンはほとんどいないので、時代の最先端を行くしまもさんだからこその着眼点はすごいと思いました。

強いものではなく、変化していくものが生き残るとダーウィンは言いました。

メディアの進化と同時に、コンテンツも進化していくべきなのです。

時代の要請にもっとも適した縦型動画。誰でも手軽にエンタテインメントが楽しめる画期的な媒体です。僕はこの縦型動画を主戦場と決め、日々、魅力あるコンテンツの発信に取り組んでいます。ここには誰にもチャンスが存在し、誰もが人気を獲得することができる可能性が満ちているのです。

16対9という縦の構図で女性の魅力を引き出した動画。動画は横長という既成概念を離れれば、被写体を加えた新しい発想の構図をつくることができる

section

12

縦型動画が新しい常識をつくる

縦型動画の普及によって、従来の〝常識〟も変わりました。

動画をはじめる方に知っておいていただきたい、3つのポイントをお話ししましょう。

1　長い↓短い

これまでの動画、つまり映像は、長いものが一般的でした。

映画は2時間程度。テレビ番組は、たとえばドラマだと1時間程度、特番などは2時間程度。YouTube動画は、番組によって差はありますが、数十分から、長いものだと1時間を超えるものまであります。

ある程度長さのある動画をつくり込むのが、動画制作の常識でした。それが、**1秒でも成り立つ世界**に変わった。僕の動画は30秒程度が基本ですが、10秒程度のものもあります。つまり動画の尺が短くなった。これが、新常識の1番目です。

短くなったことで、つくり込まなければ映像として成り立たない、という常識も変わりました。テレビの世界では、プロデューサーがいて、ディレクターがいて、ADがいて編集マンがいて……と大人数のスタッフで映像をつくり込んできたわけです。一方、SNSの世界では、**スマホで何気なく撮った2、3秒の映像が、世界でバズる作品になる**。

尺が短くなったことで、つくり方も変わってきました。映像業界が長く、キャリアも技術もある方の動画で、全然バズってないものも見かけます。視聴者は、あなたの作品をテレビで見るわけでもなければ、映画館で見るわけでもない。「俺はプロで、いままでこんな仕事やってきた」といくらプロフィールでうたって

縦型動画時代の新常識

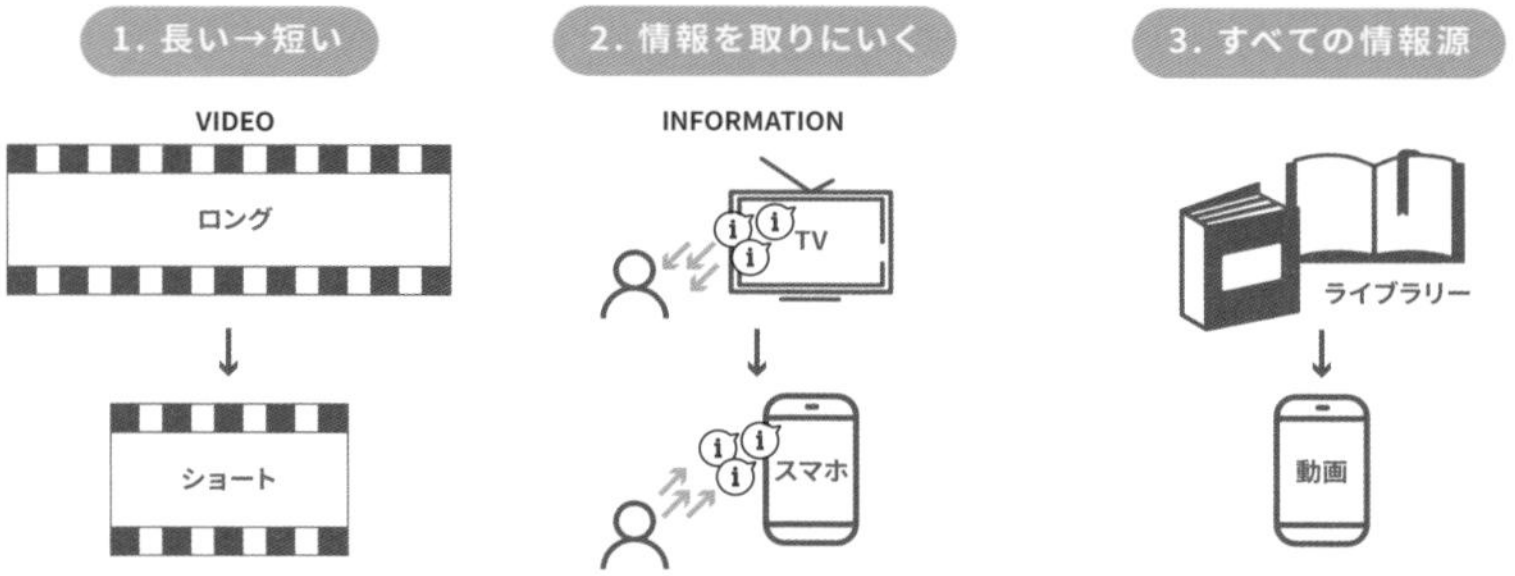

縦型動画の普及とともに変化してきた3つのポイント。動画の尺は短くなる傾向（①）、情報は自ら取りにいく（プル型）時代に（②）、情報源は書籍や雑誌といったメディアから動画主体に（③）

欲しい商品の情報や使い方など、すべては動画の視聴で手に入れる時代

も、**スマホの中で輝く作品をつくれなければ何の意味も説得力もありません。**SNSの世界にはプロもアマチュアもない。みんな平等で同じ舞台に立っている。「俺はプロだから」みたいな余計なプライドを捨てた人が勝ちます。

2　いつでもどこでも「取りにいく」

新聞のテレビ番組表を見て、今日はこの番組を見ようと決めて、その時間までにテレビの前に座る。メディアに自分を〝合わせる〟見方が、かつては一般的でした。というより、それしか僕たちに選択肢はなかった。

いまや、**情報は〝取りにいく〟時代**になりました。SNS上の動画も、ネットフリックスをはじめとする配信プラットフォーム上の情報も、見たいときに、見たい場所で、見たい分だけ、さらには見たい速さで、見ることができるようになっています。自分から情報を取りにいく時代。クリエイターは、そんな時代に合わせて選択される動画をつくらなければならないということです。

3　動画はすべての情報源

僕は新しい機材を買ったとき、まず、YouTube検索をします。多くの場合、YouTubeにトリセツ動画があがっているので、それを参考にして使い方を学びます。僕のような人、増えているようです。

動画があらゆるものの情報源になりつつある。トリセツ動画はもちろんですが、スポーツや料理の実演などによるノウハウの解説など教育系の情報はいまやほかのメディアより、さらにリッチな情報を、好きな時間に効率よく収集できるようになりました。次節にて引き続き説明します。

カメラのテストシューティングの比較なども、動画だからこそ、多くの情報量を提供できる

section

13

「動画ありき」の世界を攻略する

　動画があらゆるものの情報源になりつつある、と前セクションでお話ししました。つまり、人々の情報の取り方が変わってきているのです。

　従来は「映像なし」で取得していた情報を、**「映像（動画）とともに」取得する**ように変わってきているのです。

　たとえば音楽を、音楽単体ではなく聞くとき、YouTubeのように映像とセットで聴く人が多くなってきました。同様にトリセツを、動画を見ながら学ぶ人が増えています。

　料理レシピを載せている料理サイトでも、動画での説明が主流になってきました。SNSには、プロよりバズっている素人の料理動画が多数あります。

　こうした変化からまずひとついえるのは、忙しい現代人は**「タイパ（タイムパフォーマンス」を求めている**ということ。レシピを読むよりも、15秒の動画で学ぶほうが、手っ取り早いはずです。

　そしてもうひとつ、人間は、ラクができるならラクをする生き物だということ。テキストを読むより、動画を見たほうがラクですよね。

　ラクして情報を得られる手段があるのであれば、そちらに流れるのは（これを進化と呼ぶか、退化と呼ぶかはわかりませんが）、自然の成り行きなのでしょう。

　しかし、ラクや手っ取り早さだけではなく、深い知識や見識を求めるのも、また人間です。そういう方に向けて、僕はこの本を書いています。

◀いまや製品レビューや取扱説明書も動画で紹介する企業が増えた。動画なら図解や文字では理解できない情報や雰囲気まで伝えられる

ELECTRO
YASHICA

section

14

テーマ選びに正解は存在しない

ドローンがなければ肩車で撮影。楽しみながら撮るが正義だ。テーマ選びにルールなど存在しない

被写体も共同制作者。リラックスした雰囲気で撮影を楽しむ。それこそが大事

動画では自分の好きなことを発信しよう、ということを、これまで伝えてきました。ニッチな趣味でも、メジャーな趣味でもいい。テーマ選びに正解は存在しません。言うならば、**自分の好きなことこそ正義**。そうでないと、〝終わりなきマラソン〟のSNSを生き抜くなんてできないから。

とはいえ、じゃあ、具体的にどうしていけばいいのか？ と思われる方がいるかもしれません。そこで、僕の場合をお話ししたいと思います。

2年前、僕は知識ゼロ、経験ゼロから動画をはじめました。これからはじめる方が僕の真似をする必要はないけれど、何かしら参考になる点があるかもしれませんし、そうであればとてもうれしいです。

音楽が好きだった僕は、動画をはじめるにあたって、**好きな音楽を使ったシネマティックな作品をつくりたい**と考えました。

また、音楽業界で主にプロデュース業を行ってきた経験から、動画においても、自分が被写体になるよりも、誰かをプロデュースしたい、という気持ちがありました。そこで、自分が撮りたいシネマティックな作品に似合う女の子たちを街でスカウトし、動画作成をはじめたのです。

ちなみに動画をはじめた当時のインスタのフォロワー数は、5000人程度でした。それまでは写真メインに投稿していましたが、ベースとなるファンも付いてきて、さらにフォロワー数を早く増やすには動画に切り替えたほうがいいと判断しました。そもそも写真のみでバズっているクリエイターのフォロワー数を見ても、多くて10万人前後。しかも長年SNSを運用している人たちです。つまり

◀動画を撮りはじめたころのように無邪気な好奇心だけでつくる。原点を忘れずにいることも大切

はこの10万人前後がフォロワーの上限。動画をメインでアップしているクリエイターは多い人では何百万人もフォロワーがいるのです。

若い女の子でも男の子でも年配の方でも、作品にふさわしい人を撮る。それが僕のスタンスです。

ただ、気の合う子たちとシネマティックな作品を撮り続けているうちに、別のジャンルの動画が生まれてきました。僕の作品に出ているかなさんは「Y字バランス」が得意だからそれを撮ってみようとか。女の子がジンバル持って走ったら「ミスマッチ」で面白いよね、と「ジンバル・シリーズ」が生まれたりとか。そして、この2つがバズった。

バズる動画が生まれたことで、ほかの作品も注目されはじめました。カラグレシリーズ、逆再生シリーズ、透明人間シリーズ、比較シリーズ、ビハインドシリーズなど100万再生を超える作品がどんどん生まれました。そして僕はクリエイターとして、急激にフォロワーを増やしていくようになります。

バズったことはとてもうれしいし、それによって、いまの僕があります。

一方で、再生数やフォロワー数を意識せず、**ただ純粋に好きなことを好きなようにやっていた初期の頃の気持ちを、忘れてはいけない**と思っています。

映像制作歴が長くなってきた今、初期の頃のように無邪気な好奇心だけでつくったような作品をもう一度つくりたい。そこが僕の原点だし、原動力だと思っているからです。

section

15

バズる原理とは何か

ライトセーバーを照明代わりに使ったビハインド動画。意外なシチュエーションが話題を呼んだ

ジンバル・シリーズの最新作。メイド姿の女性がカメラ用リグ（安定した撮影をするための使用する拡張パーツ）を抱える

僕の動画の中で、もっともバズったのは、セーラー服の女の子がジンバルを持って走りながら撮影する動画です。１０００万回以上再生されました。

その前に、「バズる」を定義しておく必要があるでしょう。

動画がバズるとは、たくさん再生されること。

そして僕の考える〝たくさん〟は、フォロワーの10倍です。

フォロワー１００人の人の動画が１０００回再生されたら、フォロワー１０００人の人の動画が１万回再生されたら、バズっているといっていいでしょう。

ここからが本題です。

僕が考える何度も見られる動画とは、「引っかかり」のある動画です。僕のジンバル・シリーズがバズったのも、ごついジンバルを女の子が軽々と持つ、しかもその映像が謎にシネマティックできれい。この「ギャップ&美しいミスマッチ」が引っかかりを生んだからだと分析しています。

52ページで紹介しているライトセーバーの動画もある意味、「引っかかり」を意図した作品です。「なんでこの人、ライトセーバー持ってるんだろ!?」と。バズるコンテンツは、そう簡単につくれるものではありませんが、バズる確率を上げていくことは可能です。まずは、小さな〝引っかかり〟を意識してみてください。

次に、バズるためにはプラットフォーム側のアルゴリズムに乗っておすすめされることが重要です。プラットフォーム側としては利用してくれる一人ひとりがどれだけそのプラットフォームに滞在してくれるかが勝負になってきます。プラットフォーム側も、ＳＮＳ戦国時代で、利用ユーザーを確保、増やすために必死な

バズる原理

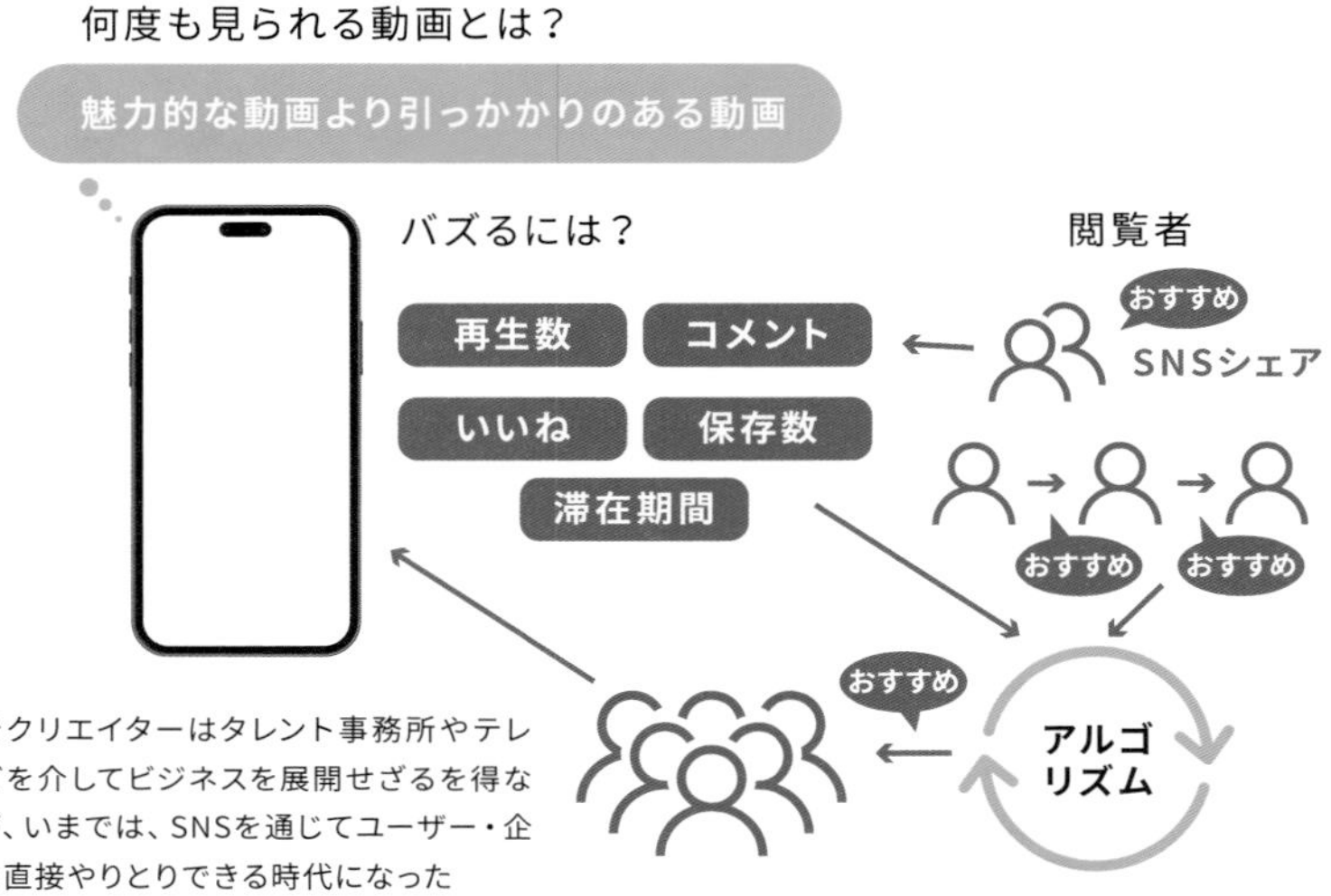

いままでクリエイターはタレント事務所やテレビ局などを介してビジネスを展開せざるを得なかったが、いまでは、SNSを通じてユーザー・企業双方と直接やりとりできる時代になった

のです。プラットフォーム側は、**利用してくれる人たちに、「その人たちにあったおすすめできるコンテンツ」を提供したい**のです。それがアルゴリズムの基本になります。

アルゴリズムによって「おすすめ」に認定されるには、

①自分のフォロワーに対して、どれだけ「いいね」「保存数」「コメント」「シェア」などのアクションの数、「その投稿に対しての滞在時間」がポイントになってきます。

②新規の視聴者へのおすすめに出てきて、新たに見てくれた方たちのアクション数、その投稿でフォローしてくれた人数、割合、滞在時間を集計しはじめます。この段階に達すればある程度はバズっているはずです。

③あとは、②までのバズリペースをどこまで維持できるかの持久力をさらにもう一段、二段、加速していけるかが勝負になります。

期間も投稿後バズりがすぐに来ることもあれば、数週間後、最近では2か月後にいきなりバズりはじめた作品もあったりします。

もちろんアルゴリズムはプラットフォームごとに違いますし、変化していくものですが、おそらくは、その作品に対するアクション、滞在時間は今後も変わらない評価ポイントだと僕は考えております。

走る女性を、ジンバルを手に走りながら撮る。この新しいスタイルがSNSユーザーの好奇心を刺激した

オリジナリティを追うのも重要だが、実はみんなが参考にしたり真似したりしたい動画が「いいね」や「保存数」の多さにつながり、アルゴリズムによって「おすすめ」動画で紹介されることもある

section

16

しかし、バズるだけでは十分ではない

前セクションでバズる原理を説明しましたが、一度バズるだけでは、実はあまり意味がありません。

どういうことかを伝えるために、僕の体験談をお話ししましょう。

僕は音楽業界にいた頃、世界中のコンサートを回っていました。

あるとき、超有名アーティストのコンサートの前座として、女性ミュージシャンが出てきました。彼女の曲は、YouTubeでは何億回も再生されて大ヒットしています。

しかし、会場の観客は、ほとんど彼女に関心を示さないのです。

なぜかといえば、彼女の「曲」は知られていても、彼女自身は知られていなかったから。何億回再生の曲＝彼女自身が結びついている人が少なかったということです。

つまり、自分のファンを増やすには、１つの作品がバズるだけでは十分ではない。一発屋で終わらないためには**作品づくりを継続させ、自分自身が「認知」されるに至ってはじめて、ファンやフォロワーが広がっていく**のです。

バズりは、あくまでも「入り口」です。自分を知ってもらうひとつの「きっかけ」にすぎないのです。

そこから「認知」へつなげるためには「継続」が必要なのですが、このとき、自分の「勝ちパターン」を持っていると強い。次セクションでお話しします。

◀ 浅草観光連盟のご協力のもとに制作した動画。筆者は侍が刀を振り下ろすがごとく、ジンバルを構える

section

17

勝ちパターンのつくり方

雪の東京駅をバックに女性がキメキメの姿でシャッターを切る。雨の日のストロボ撮影は好きなシチュエーションのひとつ。その迫力と美しさは王道の勝ちパターン

筆者がジンバルを持ち、走るビハインドは勝ちパターンのひとつ

自分なりの「勝ちパターン」を持っているかどうかが、〝終わりなきマラソン〟のSNSで再生回数を増やし、フォロワーを増やしていく上で、大きな武器となります。

勝ちパターンとは、〝当たる〟確率の高い動画です。

すべての動画を当てる必要はないけれど、勝ちパターンがあると、自分の心がラクになるし、何より楽しい。

僕の勝ちパターンは主に3つです。

①僕がジンバルを持って女の子と走るビハインドを入れた動画

②レンズやスマホを比較する動画

③セーラー服、メイド、着物姿の女性に機材を持ってもらう動画

これらがどうやって生まれたかといえば、話は単純で、日々、こつこつと投稿しているうちに生まれただけなのですが、もちろん、戦略はありました。

第1に、**インサイトを細かく分析しました**し、今もしています。

インサイトとは、インスタグラムが公式に提供している分析ツールです。フォロアーの属性や、個別の投稿に対するエンゲージメントなどを見ることができます。バズるけれどフォロアーにつながらない動画もあれば、その反対もある。正しい分析から、勝ちパターンは生まれると僕は思います。

次に、**トライ&エラーをとことんする**。

自分のどこがおもしろいかは自分ではわかりません。投稿して反応を見る。その繰り返しです。僕の場合は、そうしているうちにジンバル動画がバズり、自分

継続して「勝ちパターン」をつくる。仲間と協力して、試行錯誤を続けることで勝ち筋が浮かび上がってくる

の勝ちパターンが　ひとつ、確立しました。

ただし、人は必ず飽きる生き物です。勝ちパターンも常に進化させていく必要があります。勝ちパターンの作品をどれだけ多く持てるかが大事だと思っています。

インスタには、花なら花、料理なら料理と、同じジャンルの投稿を続けている人がけっこういます。つまり同じジャンルを突き詰めていくやり方です。しかし、僕は将来的にいろんな窓口につなげるためにも、ジャンルを限定しておりません。自分というキャラを確立した上で、いろいろなことをやったほうが、自分自身も飽きないし、ネタ切れに苦しむ確率も減らせるからです。

そこで、「〇〇シリーズ」をたくさん作りました。

ジンバルシリーズ、ノージンバルシリーズ、比較シリーズ、Xperiaシリーズ、逆再生シリーズ、望遠女子シリーズ、ほかにもたくさんあります。

最近では企業からの広告案件が多いので、「革命的な機材シリーズ」を作り、バズりにくいといわれる広告訴求動画も自分の勝ちパターンに上手く取り入れらるように工夫してます。

自分自身でゼロからアイデアを出し、作品を生み出すのは、よほどの天才でなければ無理なので、まずは国内、海外問わず、真似してみたいコンテンツを見つけたら、とにかく徹底的にコピーし、技術を磨きながら、そこに自分のオリジナリティを加え、トライ&エラーをしてみましょう。それが自分の勝ちパターンを生むコツです。

振り袖+ジンバルというミスマッチを狙った動画。伝統的なビジュアルにジンバルが加わっただけで劇的な効果を生む

section

18

模倣＋個性＝最強の個性

「人の真似（模倣）からはじめる」ことも、すごく重要で、価値のあることだと僕は思っています。動画に限らず**世の中でオリジナルと呼ばれるものの多くは、模倣から生まれています**。

誰の真似をしたらいいのかといえば、自分がよく見ている人。よく見ている人＝好きな人のはずだから、人の真似であっても間接的に、あなたが好きな動画をつくることになりますよね。

シネマティックな作品をつくりはじめたとき、僕も同様の作品をつくっている人の動画を真似したり、参考にしたりしていました。

ただ、そこに**プラスして〝自分流〟をのっけていく**。そうしているうちに、オリジナルが確立していきます。

最初は何が〝自分流〟か、わからないものです。そんなとき、まず「完コピ」をおススメします。好きな人の動画を１００％コピーしてみる。実はこれってすごく難しい。でも、１秒違わず真似しているうちに、自分だったらここはこうしたいな、という欲が出てくる。これこそが、自分流です。

真似をして怒られないだろうか？　と気になる方は、元ネタはこの人の作品ですよ、とハッシュタグで入れましょう。タグ付けしてもいい。相手へのリスペクトにもなりますし、コミュニケーションのきかっけになるかもしれない。

僕もときどき入れられることがあります。それは僕のことを尊重してくれていることだし思うし、とてもうれしいものです。

どこかで見たような既視感を覚える映像だが、被写体の個性や撮影方法の工夫でイメージは一新でき、それがオリジナリティにつながる

section

19

コラボレーションで勝ちパターンのループを回す

浅草観光連盟とのコラボが増え、浅草を訪れる機会が多くなった。お決まりの観光名所も被写体のおどけたポーズで現代的なイメージに刷新できる。「観光名所だから月並みの写真になってしまう」と考えるのは固定観念でしかない

筆者はさまざまな被写体をスカウトして、彼らの才能を引き出している。被写体が自らの才能に気づき、自身もインフルエンサーになっていくのはうれしいことだ

ＳＮＳは本来、いろんな人とつながることをコンセプトに生まれたサービスでした。ＳＮＳが日常に溶け込みすぎて、この大切なコンセプトを忘れている人も多いかもしれません。

これから動画をはじめる人、あるいはすでに投稿している人も、**自分の動画づくりに夢中になるだけでなく、〝つながる〟ことを意識してみてください。**

たとえば、前セクションでお話ししたように、誰かの動画を真似したときは、ハッシュタグで元ネタの動画を入れておく。すると相手が気づいて、連絡をくれるかもしれません。

僕は、**気になった動画にはどんどんアクションをしていきます**。惜しみなく「いいね」もするし、コメントもする。

それをきっかけに、コラボレーションが生まれることもありますし、純粋に友達が増えるのも楽しい。

ＳＮＳでつながったクリエイターを、僕はとても大切にしていて、迷ったときなどにすぐに意見を聞きます。特に若いクリエイターの意見は貴重です。世代の違う人の意見によって、自分がスキルアップできていると感じます。

つながりたいとＤＭしたのに、相手にスルーされることもあるでしょう。そんなときは**考える暇があったら「次」へいきましょう**。だってあなたは何も失っていないから。お金だってかかっていない。気にする必要はまったくない。

むしろ委縮してつながることをやめてしまったら、次に来るかもしれない大きなチャンスを逃すかもしれない。そのほうがもったいないと、僕は思う。

つながり方に関して僕はちょっと屈折したところがあって、特に大好きな人に対しては、「振り向かせたい」という気持ちが湧きます。だからがんばって、ときに戦略的に動画を投稿して、思惑どおり相手からアクションが来たら、「よし！」とガッツポーズします。こういうモチベーションの上げ方、つながり方も、ありですよね。

そして面白いことに、**コラボレーションはコラボレーションを生みます**。

ある企業の仕事をすると、他の企業の方からも声がかかることがあるんです。「うちもこういう動画をつくってほしい」と。こういうポジティブなループに入れば、こちらのものです。

たまたま知り合った人が僕のインスタのフォロワーさんで、「あ、あの女の子の動画の人ですか！」と意気投合して、その会社の動画をつくることになったこともありました。

どこかで誰かが見ていてくれるのがＳＮＳです。

ありえないような１％の奇跡が起こるのがＳＮＳです。

奇跡を起こす条件は一にも二にも「継続」。そして何度もお話ししてきたように、**好きなことであれば、継続できます**。

知り合う人がどんなバックボーンを持っているかは未知数。その人の持つ技術や知識、キャリアとの化学変化が、次の新しいコンテンツを生む

Column

What's Kiona like？

関係者にインタビュー②

近藤秀信さん

（株式会社ヤシカジャパン 代表取締役）

好奇心と行動力が抜群。大人の対応もできる人

ヤシカジャパンの新製品「ヤシカフィルムカメラ MF-1」のイメージ動画づくりをお願いしたのがきっかけで、2022 年に Kiona さんに出会いました。

Instagram の素晴らしさから、Kiona さんにオファーしました。第一印象は、大人の対応ができる人。若いクリエイターはいろいろ知っていますが、こちらの意図なども汲み取ってくれる姿勢が好印象でした。

ヤシカはもともと日本のブランドです。今は香港の企業がブランドホルダーです。今回はリブランディングしての大切な日本再上陸です。Kiona さんの作品は、その大切な一歩の企画でした。想像以上の素晴らしい映像に作り上げていただきました。ヤシカ再上陸の弾みがつきました。オファー時に目指していたコンセプトは「デジタルカメラを持ったことがない人や、スマートフォンで写真を撮る人が増える中、フィルムカメラの持つエモーショナルな感じを届けたい」。この狙いを Kiona さんは一瞬で読み取り、大方のストーリーが頭に浮かんだのだと思います。実際の動画づくりはすべて彼にお任せしました。「ヤシカブランドとは、若い世代とは」と彼なりに真摯に分析してくれたのがうれしかった。

もうひとつ、彼にはたぐいまれな行動力がある。以前、後継者がいない山岳写真家用のリュックの制作者に会いに行くと、なにげなく彼に話したら即座に「近藤さん、僕も行きたいです」と。仕事でもないのに、彼の好奇心のみから一緒に埼玉県川越市までついてきてくれた。私は、世界中のデザイナーやクリエイターをたくさん見てきたけれど、彼ほど純粋で行動力がある人はいません。ヤシカには、運がある。

Chapter

03

人気動画は
1秒で決まる
——縦型動画作成
テクニック

section

20

撮影アイデアをどのように生み出すか

アイデアが生まれるパターンはいろいろあります。シャワーを浴びているときにパーンと思いつく、という不意打ちのようなこともあるのですが、ここでは僕に特徴的な3つを挙げます。

1　音楽から発想する

音楽畑で生きてきた人間なので、日々、あらゆるジャンルの音楽を聴いています。その中から、この音楽に沿って映像とつくりたい、と思うことがよくあります。

洋楽でも邦楽でも「歌詞」から発想することもあれば、「曲」から発想することもありますね。

浅草観光連盟のアンバサダーの仕事で作成した動画がこのパターンでした。YOASOBIの「アイドル」を使いたい。それがまずあって、音楽ありきでカット割りなどを決めていきました。

2　モノからストーリーを広げる

たとえばここにAirPodsがあるとします。ここから何ができるか、と考えていくこともよくあります。

片方の耳のAirPodsを落として、それを誰かに拾ってもらい、そこから出会いのムービーにするとか……ベタな一例ですが、さまざまな角度からモノを見ていくとアイデアが広がります。

どんなモノにも必ずドラマがあります。モノがつくられるまでの過程、モノを買うまでのストーリー、そのモノと過ごす時間。さまざまな角度からフォーカスすることによって、いろいろなドラマを見ることができます。

3　即興で撮る

作品は目に見えない生き物だと思っています。だからつくり込みすぎるよりも、**その瞬間に思いついたことを**

YOASOBIの「アイドル」から着想を得て制作された浅草観光連盟のPR動画

音楽、モノ、即興。これらのいずれかやいくつかが組み合わさり、アイデアが湧き出てくる

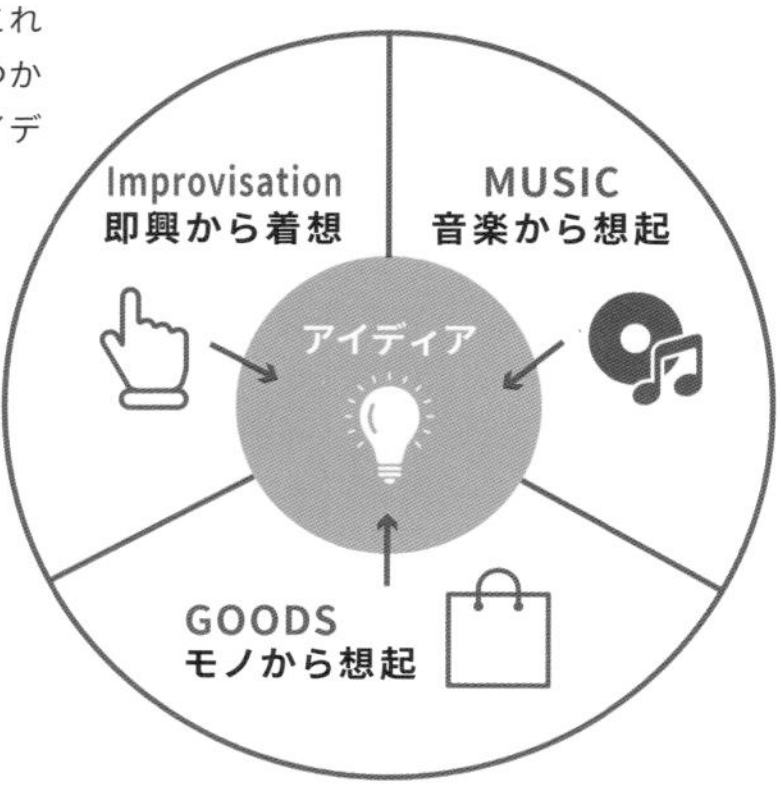

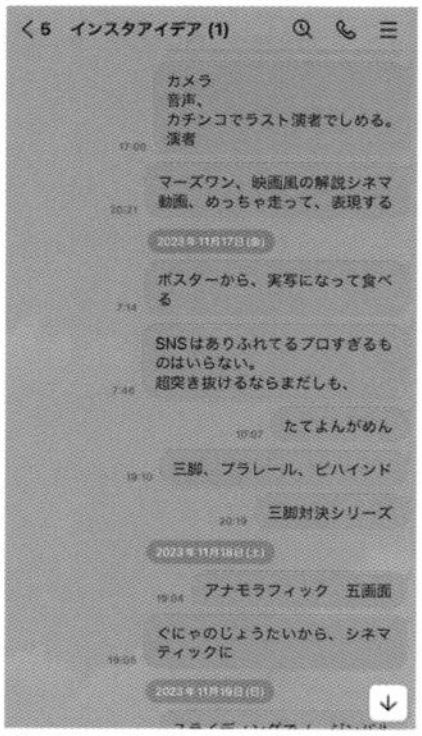

アイデアは自分あてにLINEで送信。ひとりブレストで即時記録する

パッと撮って、パッと編集して、パッとSNSに出した方が、いまの時代にフィットする作品になることもある。

僕はそういう考えも、持っています。

ダイビング（スキンダイビング）のマスクとフィンを持って、女の子が海へと歩いていく動画は、ほぼ即興でつくりました。これは訴求動画だったので、シンプルに「フィンと海と彼女を美しく現代風に表現する」ことだけにフォーカスしたのです。

即興動画でも、僕はルールを設けています。「必ず、美しい何か」が入っていること。例えば、おふざけ動画でも映像がシネマティックで綺麗だったり、わざとノイズを入れた映像で、美しい思い出のようなシーンとして演出したり。人は本能的に美しさに引き寄せられます。

キャリアを重ね、いろいろと考えるようになった最近より、考えすぎず、つくり込みすぎずに本能のままにつくっていた初期の頃の動画のほうが、僕は個人的に好きな作品が多いです。もちろん技術的な勉強は必要です。しかしそれ以上に必要なのは自分の勢い、鮮度、オンリーワンのオリジナリティです。

即興動画は新鮮で勢いがあります。だからオリジナリティ溢れる魅力的な作品が生まれやすいのだと思います。

また、僕が日々やっているのが、メモを取ることです。LINEに一人グループをつくっていて、思いついたら即メモ。ひと言でいいんです。後で見返すと、そのひと言からアイデアが広がっていきます。アイデアはダイヤモンドにも化ける石。そのときに拾わないと次はないかもしれません。

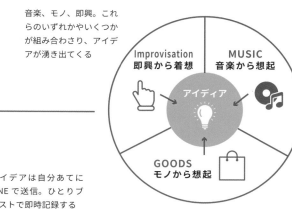

その瞬間に
思いついたことを
パッと撮って、
パッと編集して、
パッとＳＮＳに出す

ダイビングのフィンを使ったシンプルな即興動画で
リアリティを優先した

section

21

四コマ漫画のように テンポよく、ストーリー性を

動画①

▶カメラレンズ比較の紹介動画。冒頭にレンズがずらりと並んでいるインパクトのあるシーンで、まずは視聴者の心をつかむ

ＳＮＳの世界は「**スクロールされたら終わり**」です。スクロールされないために、僕は気持ちのいいテンポ感、最後まで退屈せず見てもらえるリズム感を大事にしています。

　といっても「〇秒で画面を切り替えていく」といった、普遍的な法則があるわけではありません。動画によってふさわしいテンポがあり、遅すぎてもダメだし、速すぎてもダメ。ギリギリのところを狙っていかなくちゃいけない。

　ここからは具体的に例を挙げて説明していきましょう。

テレコンバーターで14ミリから１８００ミリまでを体験してもらう動画をつくりました（動画①）。

14→24→50→85→１３５→２００→４００→６００→８００→１２００→１８００

と、焦点距離が長くなっていくに従って、レンズが捉える被写体（ギターを弾く男性）が大きくなっていくことを見せています。14ミリのときは、遠くに小さく見えるだけだった男性の姿が、６００ミリになると画面からはみ出しはじめ、１８００ミリになると、ほぼ、ギターを弾く手のアップだけになります。

　この動画をテンポよく見せるためにまず曲の選択、ビートルズの「ブラックバード」いうギター１本で表現している曲の選択。

　この曲の裏で流れる「かっかっかっ」というリズムごとにレンズの大きさをポンポンと拡大していきました。**ちょうどいいテンポは動画と使用する曲によって決まります。**

　もうひとつ例を挙げましょう（動画②）。

　スマホを手に持ち、電車に乗っている女性が、電車を降りると同時にセーラー服を着た女子高校生にタイムスリップ。現代から過去で、スマホからフィルムカメラに持ち替わっており、時代の進化と流れを表現した作品です。

　この動画では、現代から過去へ、そして女性の手元から足元へ、表情のアップへと、次々と場面を切り替えています。

　「テンポよく」というと、どうしても速さが大事と思われがちなのですが、

**4コマ漫画のような
テンポ感で。
2秒ごとにテンポよく
画像をズームさせ、
ドライブ感を演出**

曲のテンポにあわせて画面を素早く切り替えることでドライブ感が増す

単に速く切ればいいというものではありません。流れを止めずに、かつ、流れていかなければいけない。

また、この作品には「起承転結」があります。起承転結は、動画に必ず必要なものではありませんが、僕は作品によって、かなり意識しています。長い作品であればあるほど起承転結がないと最後まで見てもらえる可能性が低くなってしまうからです。

これはかなりの裏技なのですが、僕は作品の中に何か「ひとつ突っ込みどころ」をいれます。それは意図的に入れることもあれば、自然と突っ込み所ができてしまうことも。

最初に紹介した動画①は、実は思わぬバズり方をしました。ラストで男性が中指を立てるんです。ギターの演奏

つなぐことを想定して 画角、カメラアングルを揃えておく

動画②

通勤電車から過去の教室へタイムスリップ。あえて派手なトランジションは使っていない。つなぎに違和感が出ないように人物のサイズ、視線の運びに注意する

でたまた中指が立ってしまっただけですが、これが、さまざまな憶測を呼び、海外の方たちにうけました。中指を立てる=英語ではファック・ユーだからです（笑）。

歴史的な名曲、ビートルズの「Let It Be」には1か所ミストーンがあるのです。

僕の勝手な憶測ですが、当時評論家たちには、「間違っているじゃないか」「演奏レベルが低い」とか指摘されていたんだと思います。

あーだこーだ言いながらも、結果何回も聞いているんですよね。リスナーになにかアクションをさせたらこちらの勝ちです。

完璧な人間よりも、どこか抜けている人の方が魅力に感じることってありませんか？

section

22

走る、跳ねる、飛ぶ。ワンシーンでも見る人を飽きさせない

僕は自分を**「ジンバル芸人」**だと思っています（笑）。ジンバルを持って、走る、走る、走る。

なぜ走るかといえば、

①掴みのインパクトがある。
②走ることが一番、ジンバルの性能を短い映像で分かりやすく表現できる。
③一生懸命さが人に伝わる。

僕も、僕の動画に登場する女の子も体を張っています。ただ体を張るだけでなく、楽しそうなところがポイントです。というか撮影を本当に楽しんでいます。

SNSに限らずですが、カッコつけ、変につくり込まれた偽物の作品より、完璧でなくても、楽しそうで一生懸命な作品の方が、見る人の心に刺さり、心に残るのです。

僕も女の子も走っている動画のひとつが、浅草を駆け抜ける動画①です。

僕は〝交差点フェチ〟で、交差点を走るワンシーンの作品をいくつかつくっています。交差点ってカッコいいですよね。僕はあの視界の〝抜け感〟がものすごく好きです。ビートルズの『Abbey Road』のアルバムジャケットを見ても、交差点の持つポテンシャルがわかります。

でも、人は交差点を渡るとき前だけを見ているから、交差点の素晴らしさにあまり気づいてないと思うんです。交差点を横から見たことがなかったりもする。だから交差点のさまざまな表情を、動画で見せたいと思いました。

銀座の数寄屋橋交差点を走っている姿にもインパクトがあります（動画②）。また、必死に走るあまり、僕が携帯を落としてしまったという動画もあります。

動画① 交差点を走るシリーズ①

Angle.3 表情（抜け）

Angle.2 足元

Angle.1 全景

浅草の交差点。ちょっとレトロでロマンチックなシーンを夜景とともに描写した

ジンバルとは、カメラを手ブレから守るための機材。ジンバルには2軸のものから3軸のものまであり、外部からの影響を受けずにローターの回転軸を一定の方向に保つことができる

Angle.3 全景

Angle.2 表情（抜け）

Angle.1 足元

走り方は女の子任せ。一発撮りで、ドラマをつくる

この動画もそうですが、事前に走る練習をしているわけではなく、基本的に一発撮りです。撮影前に僕が女の子に「今日、走りましょう！」「了解！」といった軽い感じのノリで撮影がはじまります。

こういう走り方をしてほしい、という希望は僕の側にはありません。**その人らしい走り方にこそ味がある**と思っています。そして、一発撮りをするほうが、そうした味わいが出やすいし、携帯を落とすなんていう歓迎すべきハプニングも生まれるわけです。

台車に女の子を載せて走る動画も撮っています（動画③）。

僕は先にいったようにジンバル芸人なんだけど、**たまには逆の、ジンバル「なし」も考えてみよう。そういう発想の転換からアイデアが広がったパターンです。**

逆転の発想から
アイデアが広がる

動画③　ジンバルを使わず台車で代用。360度カメラによるワイド感の演出が効いている

で、台車に女の子を載せて、僕が押して走って、それでもブレないよ、という作品をつくりました。**日本一のオフィス街の丸の内を、昔ながらの台車が駆け抜ける**、という絵にもギャップがあって、目を引いたと思います。

走ったり跳ねたりする動的な作品には独特のインパクトが出ます。大人になってから全力で走ることってなかなかないですよね。子どもの頃に戻ったような楽しさがあります（笑）。

こうした、ある種の〝おふざけ系〟作品で心がけているのは、オチは必ずキレイな映像にすることです。全部ふざけて終わらない。そのギャップによって、おふざけ系の楽しさも、オチの映像の美しさも、際立つのです。

section

23

手ブレもOK。臨場感を最優先に

動画①

▶本編シーン。女の子と一緒に街の中を駆け抜けていくような臨場感を見る人に与える

臨場感を出したいときは、あえて手ブレさせることもあります。

「臨場感とは何か」を言葉で説明するのは容易ではありませんが、映像を見た人には、すぐにわかってもらえると思います。

たとえば、浅草の交差点を駆け抜ける動画です（動画①）。

ドレスアップしたワンピース姿で交差点を走る女の子を、僕が伴走して撮影しているのですが、**手ブレしていることで、僕たちが走っているリアルさや息遣いなど撮影現場の臨場感、リアルが伝わる**のではないでしょうか。ドキュメンタリー性が出ると言ってもいいかもしれません。

ちなみにこの動画のビハインドシーンはあえてジンバルを使いませんでした。ビハインドシーンは手ブレで臨場感を出した方が、本編の映像が際立つと思ったからです。

臨場感が出ていると思う動画をもうひとつ紹介します（動画②）。

雨の中、銀座のど真ん中で傘をぶん投げたいという、自分でもわけのわからない欲望から生まれた作品です。

動画の冒頭、女の子は傘をさしています。カメラを手に、傘をさして銀座の交差点を歩いているのですが、ラストシーンの近くになると傘をぶん投げて、カメラを構える。そして飛び切りの笑顔。

音楽は、大好きな坂本龍一さんの「戦場のメリークリスマス」を使いました。亡くなられた直後だったので、坂本龍一さんへの思いを込めて、使わせていただきました。

雨は僕にとって重要な舞台装置

動画①

▶浅草を被写体の女の子とともに走るビハインドシーン。多少の手ブレより、リアルな息づかい、臨場感が大事

破天荒なカメラ女子のシネマティックな作品に仕上がったのではないかと自負しています。

実はこの作品ですが、当初は土砂降りの大雨の中で撮りたいと思っていました。

ザーザーと大雨が降る中で、望遠レンズを付けたカメラを持った女の子が笑顔で歩き、傘をぶん投げたら、カメラ女子の破天荒さが際立ちドラマチックになると思ったからです。

でも、残念ながら当日小雨になってしまいました。しかし、実際に現場で立ってみると、小雨は小雨で雰囲気が良くて、頭の中で描いたイメージとは違った魅力ある世界が表現できると感じました。

小雨の中、傘をささずに歩いた経験は、誰しもがあり、小雨のどことなく

動画②

雨のストリートで傘を放り投げる大胆なシーン。天候などの急な変化も、即興のためのアクセントとしてポジティブに取り込む

切なく寂し気な空気を一変させるように、傘をぶん投げた女の子の爽快さが、見る人に伝わるだろうと思ったのです。

動画としてどちらが正解だったのかはわかりません。おそらく、どちらも正解だったのだと思う。

ただ、**その場での僕は、小雨が正解だと判断した**ということです。

「即興」が大事という話をこの章の最初にしました。「即興」だからこそ発見できた新たな世界があり、最終的に現場での判断こそが正しいと、僕は思っています。

section

24

その時の主流になっているテクニック、表現方法を上手に採り入れる

いまを生きている僕たちは、いま主流の感性とテクニックを絶対に大事にしなければいけません。

とりわけ僕以上の世代に多いですが、「あの頃はよかった」と、自分が若かった時代に執着する人がいます。過去に生きるならそれでもいいかもしれませんが、**いまを生き、いまの時代に受け入れられたいならば、現代風のアレンジが必須**です。

ただ、アイデアを過去に求めるのはアリです。というより、**過去の映像作品はアイデアの宝庫**で、先人の知恵を使わない手はないと思っています。現代からアイデアを得ている人たちとの差別化にもなります。

過去にアイデアを求めた場合、単なる昔のオマージュに終わらないよう、現代のスパイスを加えることが重要です。そのときに、どう現代風にアレンジするか。それを考えるのが僕は面白くてたまらない。

たとえば80年代に薬師丸ひろ子さん主演で大ヒットした映画『セーラー服と機関銃』にインスパイアされてつくった動画があります。

当時の角川映画が大好きで、よく見ていた僕は、セーラー服と機関銃ならぬ、「セーラー服とジンバル」動画を撮りました（動画①）。セーラー服を着た女の子が、いかついジンバルを持ちあげる。そのギャップが今の人たちには逆に「斬新で新しく見える」と思いました。

そこには、現代人の感性、カット割り、構図、色、音楽、テンポ感などさまざまな要素が含まれます。中でもテンポ感は、昔に比べてめちゃくちゃ速くなっています。いまのテンポを学ぶには、いま流行りの音楽を聞く。そこ

動画① オマージュ＋現代的風味

映画『セーラー服と機関銃』のオマージュ。機関銃がジンバルに置き換わったところが現代的だ

動画② 意外性＋背景遷移

Y字バランスをとる女性の背後のシーンを素早く切り替えていくことで、軽快なテンポ感を生み出した

動画③　多分割による情報量アップ

画面を2分割から4分割へと切り替えることで、時間や空間が複雑にいりまじり情報量が一気に増える

から学べることがたくさんあると思います。

流行りのテクニックを使うことで、いまっぽさを出すこともできます。そうした動画の例を挙げましょう（動画②）。

海外の動画を見ていたら、背景をテンポよく変えていく動画がバズっていたので、真似しました。僕は国内よりも海外のクリエイターをチェックしていて、彼らの動画から新しいテクニックを学ぶことがよくあります。

もちろん、単に真似するだけでは無く、そこに自分のエッセンスをプラスします。僕の動画の人気シリーズ「Y字バランス」に、簡単でわかりやすい、背景の切り替えを取り入れてみました。これは女の子がY字バランスをするだけの動画ですが、アスリートっぽくない、普段着姿の女の子が、日常

動画④　ビハインド動画を加えた多分割

遠景

近景

ビハインド

3分割画面に遠景と近景、そしてビハインド動画を組み合わせて複雑な動画。見るものに視覚の立体感を与える

の中で楽しそうにＹ字バランスをする意外性プラス、背景を切り替えることで、何度も何度も繰り返し見てしまう人間の本能を直接刺激しに行った作品です。

「画面分割」も最近流行りのテクニックです。画面分割の動画はいろいろつくっていますが、たとえば動画③では、画面を2分割→4分割にしました。画面分割する利点は、同時に表現できる情報量がぐっと増えることです。

動画④は3分割でバズりました。交差点を走るシリーズのビハインドをはじめ、3方向から撮った動画を載せる。これも画面分割という流行りの手法を使いつつ、何度も何度も繰り返し見てしまう人間の本能を直接刺激しにいった、僕なりの味つけができた動画だと思っています。

section

25

色彩の変化で ドラマを生み出す

流行りのテクニックをどこで学ぶか。僕の場合は、**好きな海外のクリエイターの動画で知ることが多い**です。また、インスタやYouTubeのショート動画をこまめにチェックしています。

最近流行りの押さえておくべきテクニックには、前項で説明したものに加え、**「カラグレ」**があります。

カラーグレーディング、略してカラグレとは、動画や画像の色彩を調整することを指します。

動画の場合、具体的にはこういう作業手順になります。

まず、動画におけるＲＡＷデータともいえるＬｏｇデータで動画撮影をします。僕は**S-Log3**で撮影します。

次に自分の好きな色をつくります。

動画①

SONY純正のLUTを適応
オリジナルのLOOKで変化をつける

Log画像から自然な色への遷移を見せることで、はっとするような映像美が表現できる

僕は**Adobe の Premiere Pro**でつくっています。基本操作はYouTubeを見て勉強しましたが、そこに青色を足してとか、ハイライトを強めてとか、自分なりに調整して好きな色をつくっていきます。

そうやってできた色のプリセットを、S-Log3で撮影した動画に適用していく。

これがカラグレの一連の作業になります。

具体的な動画を紹介しましょう。

雪のシーンを撮った動画①に、このカラグレを施しています（この動画はS-Log2で撮影）。色によって雪の印象がこんなに変わるんだよ、というのを伝えたくて、カラグレを使いました。

冒頭は、S-Logで撮った、いわば生の色です。次に、ＬＵＴを適用した状

Adobe Premiere ProによるLUTの調整画面

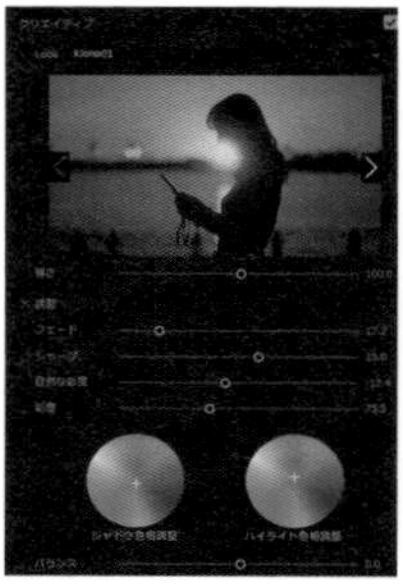

Lumetri カラーパネルで
細かい色調整を行う

態（つまり撮影時の自然の色）を見せ、最後に、僕がつくった色を付けた状態を見せています。

この3段階を、音楽に合わせてパンパンパンとテンポよく切り替えていく。このシンプルな動画が、合計で500万回以上再生されました。

色はエモさを生み、見る人の感情を揺さぶるものです。色だけで作品になるといってもいい。動画においても色が重要な要素であることを、知ってもらいたいと思います。

同様のカラグレを、夕陽のシーンでもやったことがあります（動画②）。動画①と同様、3段階を見せています。

さらにシンプルなカラグレ動画もあります。モノクロ↓カラーと切り替えることで、色の美しさにハッとしてもらいたい。そんな狙いでつくった桜の

Adobe Premiere Proによるカラーバリエーションの設定例

動画②

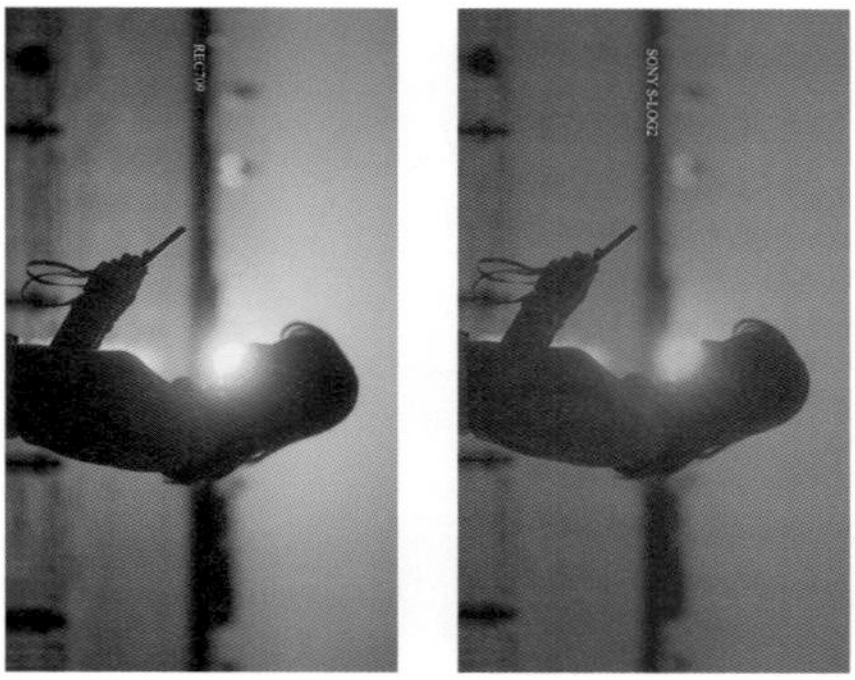

動画③

モノクロからカラーへの変化はドラマティックで効果的

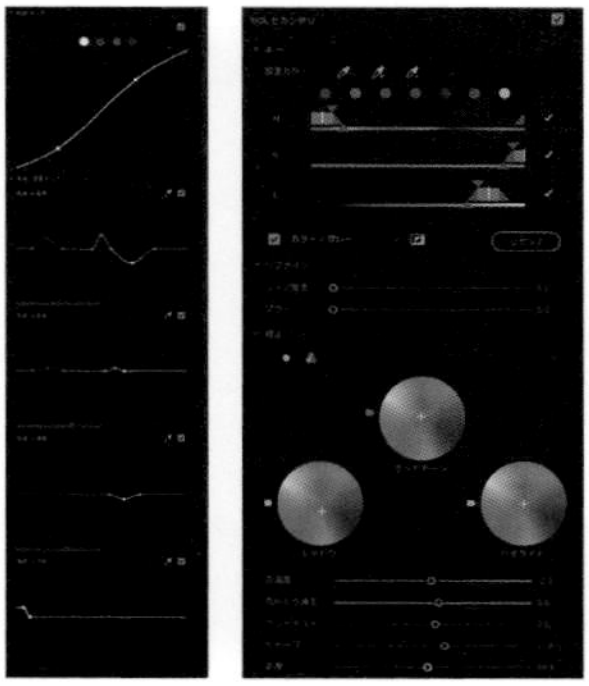

プリセットを適用し色を調整することで印象は一変する。自分の中にたくさんの色を持っていることが大事

作品です（動画③）。

冒頭はモノクロです。3秒後にカラーに切り替わり、鮮やかなピンクが画面に満ちます。モノクロを見た後だからいっそう、ピンクの華やかさ、可愛さが際立つのだろうと思います。

自分の中にたくさんの色を持っていることが大事です。僕の場合は、自分の好きな映画やミュージックビデオに出てきたあの夕陽の色に近づけたい……そんな感じで色をつくっています。

ちなみに、ネット上にはフリーで使える色のセット（プリセット）があるので、ダウンロードして、自分のセットに組み込むことも可能です。有料で色のセットを販売し、それで生計を立てている人もいるくらい、色というのは需要の大きな世界です。

section

26

美しい瞬間があったら
ワンショットで作品になる

動画①

▶森の中でカメラのシャッターを切る女性。それだけですでにドラマが成立する

ものすごく絵になる瞬間は、ワンショットで十分に作品として成り立ちます。動くポートレートを撮るようなイメージです。僕はこれをワンショット芸と呼んでおります。

これまで僕は、テンポよく画面を切り替えていくことの重要性をお話ししてきました。一方、**「ものすごく絵になる瞬間を、ワンショットで作品にする」**こともあるということです。

制服を着た女の子が、雨の中で重いカメラ機材を構えている。動画①は絵になると思って、ワンショットで撮りました。

これはもともと音楽から発想した動画です。秦基博さんの「Rain」（詞・曲は大江千里さん）という曲に、「どしゃぶりでもかまわない」「ずぶぬれでもかまわない」という歌詞がある。そうした歌詞が、この動画に登場するなつかそのものだと思い作品にしました。

桜の花びらが舞い落ちるシーンもワンショットで撮っています（動画②）。

桜というのは、美しさはもちろんのこと、卒業、入学、入社といったイメージとつながり、そこには別れがあり、新たな出会いがありと、日本人はみんながいろいろな思い出を持っています。とても日本的で、清くはかなく美しく、世界的にも愛されています。

例えばこんな作品を撮りました。

・桜の花びらが舞う中、セーラー服を着た女の子がジンバルを手に桜を撮影する動画。
・桜の花びらが舞う中、卒業式に袴をはいた女の子がジンバルを持って桜を撮影する動画。こっちは雨が降っています。

ワンショット動画のバズる要件

① 美しい素材
② アクセントをつける
③ 絶妙な長さ（6〜9秒以内）

動画②

「この瞬間だけをカメラに収めたい」。ワンショット動画はその気持ちだけで撮るのが正解だ

2つともかなりバズりました。

理由は単純で、第一に、とにかく美しい瞬間を切り取っているからです。

袴の動画（動画③）はリアルに実際の大学の卒業式で撮った作品です。

卒業式の写真を撮ってほしいと頼まれて行ったら、桜満開の中、雨が降っている。桜＋雨＋袴のカレン(写真モデル)の奇跡の瞬間があまりにも美しすぎたので撮らずにはいられませんでした。

バズった理由の2点目は、「ワンアクセント」が効いているからです。

美しい瞬間を切り取る。それがワンショット芸の基本です。なんだけど、僕はそこに**ワンアクセントを加える**。

桜の動画であれば、アクセントは女の子が持つジンバルと重いカメラの機材です。美しい袴をはいた女の子が、「何でこんな重そうなものを持ってるの？」。そうクエスチョンが湧いた人

動画③

素材の美しさをそのまま映像にする。着物でジンバルという構図だけですでに勝負があった作品だ

は、もう一度動画を再生してくれます。

超カッコよく喩えるなら、現代アートのようなものでしょうか。現代アートも、どこか「わからなさ」が魅力につながっていますよね。

バズった理由の3点目が、絶妙な尺。ワンショット芸の場合は、**曲やセリフのワンフレーズに合わせて、6秒から、長くても9秒の尺の長さで完結させています。**これは飽きずに最後まで見る&何度も見たくなる作品としてのバランスの取れたベストな尺と思っております。日本の短歌や俳句を詠み終える尺もこのぐらいなので、日本人のDNA的に心地いいテンポなのかもしれません。

美しい瞬間に立ち会ったら、ぜひワンショット芸に挑戦してみてください。

section

27

常識外もやってしまえば芸風になる

動画①

常識をくつがえす作品。開脚しての撮影に物議も醸したが、撮影を楽しむのが本来の基本姿勢だと考える

女の子が東京駅の前で180度開脚して、カメラのファインダーと、スマホをのぞき込む（動画①）。

α7と（Sony α7SIII）とXperia（Xperia 1 IV）、どちらの映像が綺麗か、という比較動画です。名目上はそうなんだけど、僕がこの動画で伝えたかったのは、女の子（カナさん）の身体の柔らかさ、個性を生かした撮影スタイルでした。

頭が固いクリエイターは、こんな動画がバズってるのを見て怒っているだろうし、実際、「ふざけてる」といったアンチコメントが来たけれど、僕自身もふざけてると思ってたから、ほんと、そうだよねと（笑）。でもやりたかったんです。

とことん心の声に従うこと。

あらゆる情報が溢れるこの世界で抜きん出るには、これしかない。そのためには、**いったん常識を捨て去る作業が必要**だと思います。

一般的に、実績のある人ほど、知らず知らずのうちに常識にとらわれているものです。常識を疑うことからはじめてほしいと思います。

ちなみにこの開脚動画は、Xperiaのタイアップとして受けた仕事でしたが、担当の方たちもめちゃくちゃ面白がってくれました。僕はタイアップでも、自分のやりたいようにやれなければ、仕事を受けないようにしています。

振り返れば、1円にもならないうちから、僕はバカなことばかりやっていました。

アラフォー男が20歳年下の女の子を肩車して、ぐるぐる回って喜んでるなんて、常識に照らしたら笑っちゃいま

動画②

ドローンがなくてもユニークな動画は撮れるという逆張りの発想で撮影

動画③

女性が後ろに倒れていくその姿が面白いというシンプルな着想とビハインド動画の組み合わせ

すよね。

動画②はドローンが流行りはじめたころに、**逆張りの発想**で思いついた「ノー・ドローン・シリーズ」の作品です。肩車して撮影すれば、ドローンがなくても大丈夫。こんなに高い場所から撮影ができますよ、という超原始的なやり方を見せました。ちなみに女の子のスカートに隠れて、僕の顔は動画に写っていません。

同じシリーズの別の動画では、女の子をお姫様抱っこしてぐるぐる回ったこともあります。

「倒れるシリーズ」も人気です（動画③）。本編のシネマティックな映像とは裏腹に、撮影の裏側はこんなにシュールなんだよってところが世界中の方たちにめっちゃよろこばれてます。こうやって**シリーズを四方に展開していくと、アイデアが尽きることがない**んです。

「逆再生」も好きでよくやります。

動画④はその中でも凝っているもので、女の子がどんどん服を着ていって、最後に和傘を持つ。

和傘はいいアクセントになったと思います。直近の七五三の撮影で使ったものを、また使ってみようと軽いノリで思いついたものですが、この動画のポイントである重装備に沿いつつ、違和感が出ていいなと考えました。

フライパンでもいいんです。身近にある**〝意外なもの〟の組み合わせは、常識の外に出る一歩目になる**と思います。

常識外のことを続けているうちに、**「こういう動画はどうせKionaだろう」**と、気づいてもらえるようになっていきました。

動画④

逆再生で被写体が服を来ていくシーンを追った。テンポのよい逆再生は視聴者に驚きを与える

section

28

瞬きや、指先の動きなどが次のカットへのアクセント

雨はそれだけでドラマをつくる。ストーリー性のある動画づくりには欠かせない小道具

普通に人が歩いている動画を撮るとしても、正面から撮る、横から撮る、足元を撮る……と、映すパーツはさまざまです。僕は細かくパーツを撮影します。

そして、それらの**パーツに「引き」と「寄り」を掛け合わせることで、見る者を飽きさせない、無限のストーリーが生まれます**。

動画①は女の子がシンプルに、カメラを持って銀座の街を歩いているだけですが、足元から入り、顔、手元、全身、と細かくカットを切り替えていくことで、ストーリーを感じさせる、シネマティックな作品になりました。

特に意識したのが2カット目（顔）です。目線が上から下に上がる瞬間を狙いました。この〝決意めいた表情〟が、次の、歩き出すカットへの導線となっています。

ストーリーがある動画とは、言い換えれば、見る人に何かを想像させる動画です。傘のグリップをぎゅっと握りなおす。その動作ひとつに、人は何かを想像しますよね。人の心を動かす細かい動きを、僕は逃さないようにしています。

そのためには、**素材の撮り惜しみをしない**こと。特に動画をはじめた初期の頃は、撮って撮って撮りまくるくらいがいいと思います。その中に、珠玉のカットが必ず含まれているから。

といってもそんなに大変なことではなくて、動画①はカメラ1台（Sony FX3）で撮りました。

被写体となる演者の女の子に演技指導をするのですか？　と聞かれることがあります。

動画①

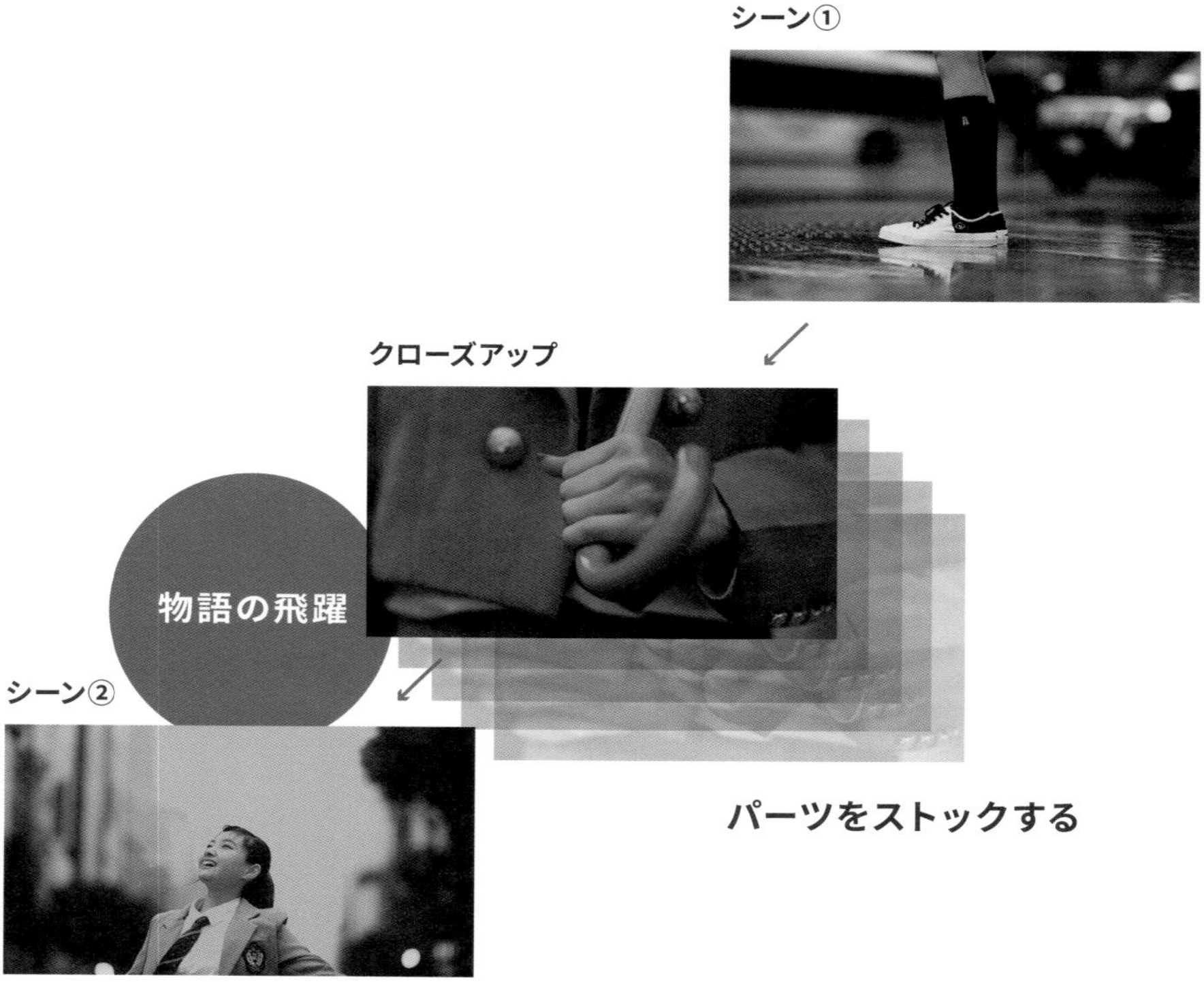

素材の撮り惜しみはしない。さまざまなパーツを押さえておくことで編集時に意外なドラマをつくり出すことができる

冒頭の傘をさして歩くシーンに関してはこうでした。

真剣な顔で歩いてほしい。最後、傘を投げるときだけ、解放されたようにワーッとなってほしい。

2点を伝えただけでした。

基本的に、作品のコンセプトを伝えるのみに留めています。あまり作為のないほうが、いい絵が撮れるからです。

演技のできるプロの役者さんだったら話は別です。でも、僕が撮るような一般の人に演技をしてもらうと、天性の演技力がない限り、かえって不自然になってしまう。

もちろん人それぞれやり方はあると思います。僕の場合は、被写体が**カメラを意識していない瞬間こそシャッターチャンス**だと思っています。

銀座の繁華街の交差点の動画（動画

動画②

自然な表情が
ドラマを生み出す

被写体がカメラを意識していないところが最高の撮影ポイント。被写体が自由に動き回っていられるような環境をつくり、その上で撮影ポイントを見逃さない

②は僕の作品によく登場してもらっている、クリエイター仲間のあすかをはじめて撮った動画です。

ほとんどつくり込みをせずに撮りました。中でもファインダーを覗いているカットは、**彼女が、ほとんど僕のカメラを意識していなかった瞬間**だと思います。だからとても自然な表情です。

僕自身にとっても初期の作品で、2作目の動画でした。でも、すでに僕の個性は出ているし、自分でもとても好きな作品です。

何より楽しかったんです。**再生回数とか技術とか難しいことは考えず、撮っている自分たちが楽しんでいた。**楽しさって人に必ず伝わります。

多忙になり、技術も知識も付いた今、僕はあの頃のように楽しめているだろうか？　初期の頃の作品を見返して、我に返っています。

section

29

スローモーションほど、切り替えに緩急をつける

転んでもなおシャッターを切ろうとする姿をスローモーションで。その迫力が見る人に期待感を抱かせる

動画①

「究極のカメラ女子あすか」と題した作品。すべてをスローモーションで撮影

スローモーションの効果的な使い方について、この項でお話しします。

まず、具体例として挙げるのは、「究極のカメラ女子あすか」と題した作品です。

冒頭から、転んでもカメラを手放さないラストまで、**すべてをスローモーションで捉えました。**撮影速度は25%。通常の4分の1まで速度を落として撮影しています。

ある年の正月、1月2日に一日中撮影をしていて、気づいたら電車がなくなってしまっていたんです。じゃあ、夜中だからできる撮影をしようと。銀座の中央通りがガラガラ、なんて機会はめったにないから、あすかに通りのど真ん中を歩いてもらって、最後にコケてもらおうと。

それを音楽に合わせ、スローモーションで撮ったら面白いんじゃないか、とその場で思いついて撮ったら面白かった。サイコパス感満載な作品ができあがりました。

しかもその場でパソコンで編集して、すぐに投稿しました。所要時間2時間程度だったと思います。

スローモーションのいい点は、ある瞬間を細かく伝えることができること。人間の目（動体視力）では追いきれない場面を、ゆっくりじっくり隅々まで見せることができることです。

それから、**迫力が出る。迫力は、見る人の期待感を抱かせる**と思います。期待感を抱いた人は、この先はどうなるのだろうと前のめりになって、次へ次へと見てくれるのです。

ある瞬間を細かく伝えるスローモーションは、雨や雪といった、繊細な自

はじまりはスローモーションで印象的に。スローだがカット割りはテンポよく

個別のお店紹介は通常の速度にし緩急をつける

動画②

浅草の街の魅力を伝える動画。スローモーション撮影時はフレームレートを120fpsで撮影すれば、1/5（20%）まで速度を落とせる

然の表情を撮るのにも適しています。

動画②は、すでに何度か紹介している浅草観光連盟の作品ですが、すべての撮影が終了した帰り道、大雨が降っていました。女性3人が、浅草さわだ屋さんの着物を着て仲店を歩いている。めっちゃかっけぇ!!と思い、追加で撮影させていただきました。すごくスローモーションが生きた作品になっていると思います。

ただし、スローモーションでじっくり見せるだけでは、見ている人が退屈してしまうので注意が必要です。**スローモーション芸こそ、曲に合わせた"テンポ"が極めて重要**になってくるのです。

動画①も動画②も、僕は曲に合わせてカットをバンバン切り替えています。カットを細かく切って、次のカットへとつないでいる。要するに、意識して

スローモーションこそ
テンポが大事。
寄り引きを大胆に

カメラ構えた全身

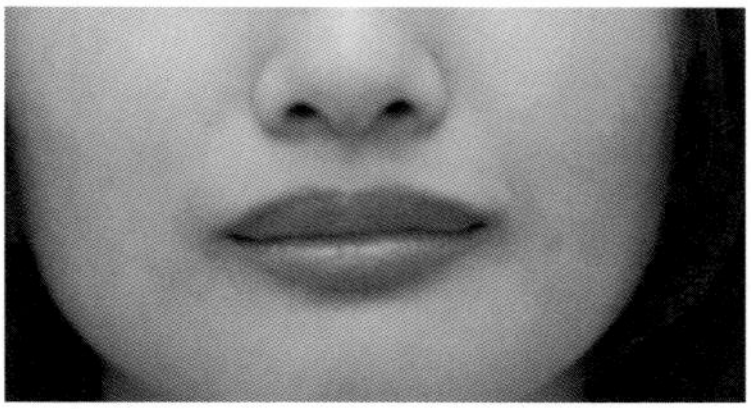
唇のアップ

横顔

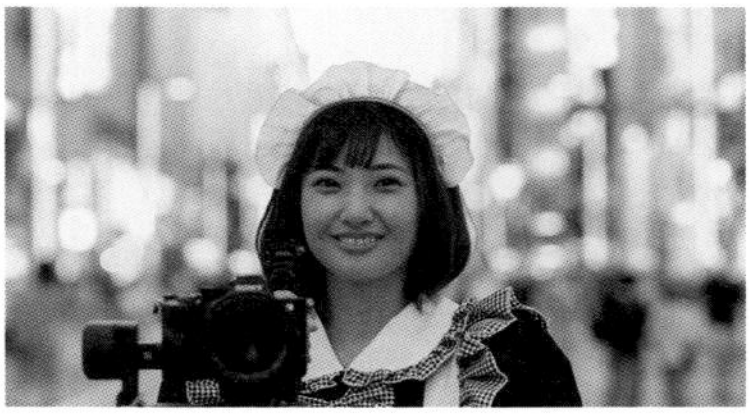
正面／笑顔

動画③

スローモーション動画の場合、長い作品だと飽きられてしまうためよりテンポ感が大事になる。大胆なカットの切り替えでリズムをつくろう

緩急をつけているということです。

先ほど説明した6秒から9秒の美しい瞬間ワンショット芸ならワンカットでスローモーションが活きます。

しかし、長い動画になると、それでは見ている人が飽きてしまう。飽きさせないためには、ただ歩いているだけの場面でも、音楽に合わせ、**引きと寄り、足と顔、時に背景に人を入れるなど、手を替え品を替え、緩急をつける。**そこにスローモーションが効果的に入れば、最強にインパクトのある作品になります。

カットの切り替えについては、動画③が参考になると思います。

ただ歩いてジンバルを構えるだけ。このシンプルな動きだけでもスローモーションを上手く使えば、作品として成り立つことがわかっていただけると思います。

section

30

縦型動画だからこそ、あえて横型映像を上手く使う

この本は「縦型動画で世界を制す」と銘打っていますが、**縦型動画のバリエーションのひとつとして、「横型」を使う**という手はあります。

海外のクリエイターがやっているのを見て、僕もやりはじめました。ここ数年、日本でも流行っているワザです。横型の使い方は何パターンかあるのですが、ここでは僕がよく使う3パターンを紹介します。

ひとつは、縦型動画ではじまり、途中で横型に切り替わるパターンです(動画①)。

まず、この動画はビハインドからはじまります。僕が女の子の横でカメラを持って本気で走る縦型の動画が、次の横型動画への動線になっています。ビハインドで視聴者に「おっ」と思わせて、その先まで見てもらうという戦略です。

横型動画がはじまる前に、**「ROTATE YOUR PHONE(スマホを回転してください)」**という誘導を表示します。

そして次に現れる横型動画は、女の子だけの美しい映像です。ここを16：9の画角で目一杯見せたいから、横型を使いました。

つまり、**ビハインドのラフな映像を縦型で見せ、その後、横で見てもらったほうが映える**ような映像を繋げることで、2つのシーンのコントラストを際立たせることができる。その結果、視聴者は飽きにくくなる。縦と横の動画を組み合わせるメリットのひとつがこれです。

それから、視聴者はスマホを縦から横へ回転するというワンアクションを行います。いってみれば**つくり手がユーザーを〝動かしている〟**わけです。

動画① 縦型動画でありながら横型のワイド感を生かした作例

画面の中に誘導アイコンを示すことで、ユーザーにスマホを横に倒すように促す

動画②　上部に横、下部にビハインド動画を配置してレンズの画角を比較する

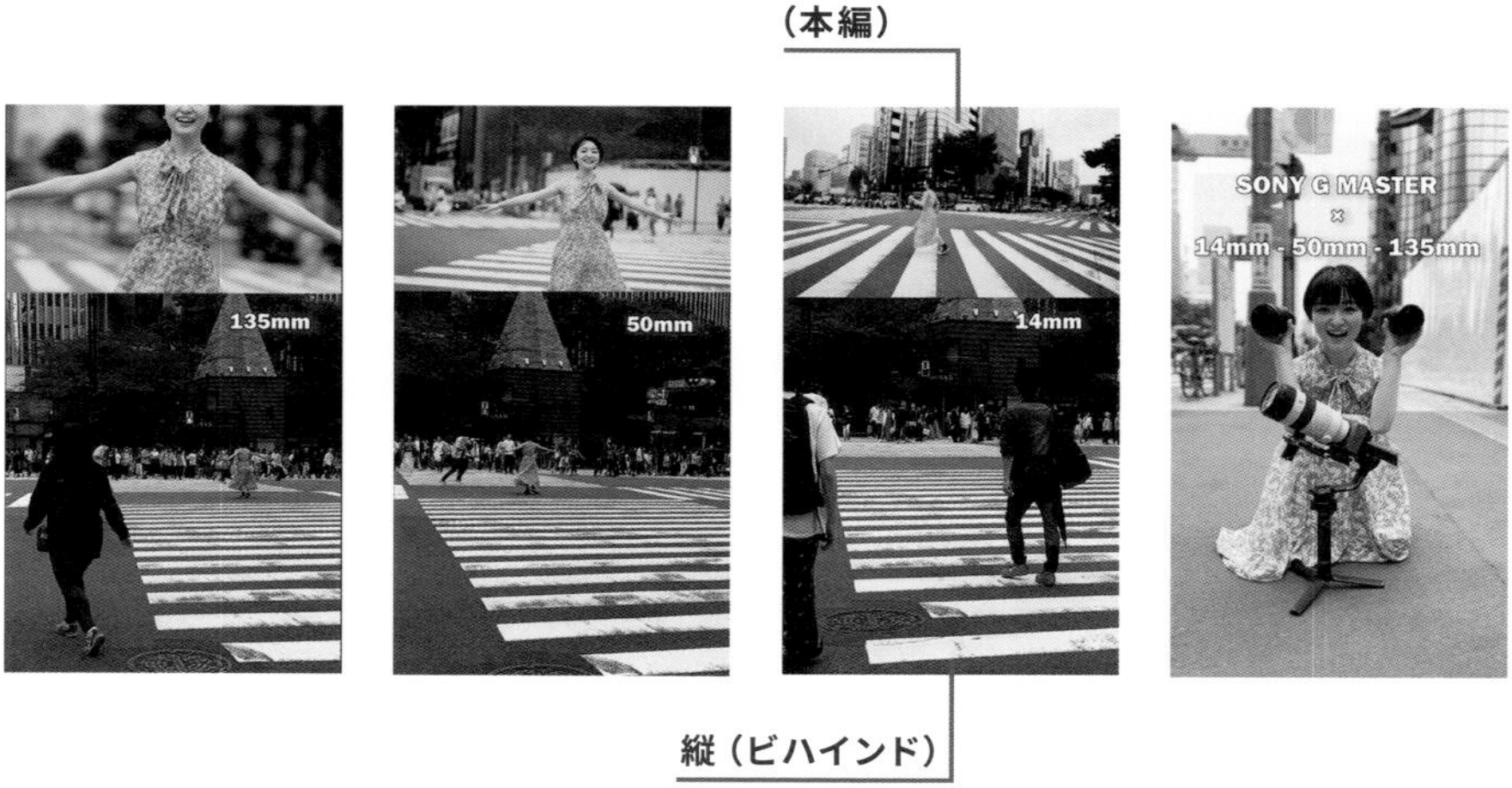

横動画を上部に配置することにより、焦点距離による画角の違いをしっかりと見せることができる

そういう意味でつくり手が主体的になれる。つまり視聴者は僕の作品の世界に知らず知らずのうちに入り込んでいることになります。

縦型と横型の組み合わせの応用編として、**ひとつの画面に縦（ビハインド）と横（本編）両方を並べる**やり方もあります。動画②は、上部に横型を、下部に縦型を置いています。

動画②は、レンズ比較をしながら、ビハインドと、実際に撮影した映像、両方を見せることが目的でした。

この目的自体は動画①と同じです。ただ、同じ見せ方をしたくないという気持ちから、2つを並べる手法に変えたのが動画②です。

さらに応用編が動画③です。

画面を3分割し、横型動画3つを並

動画③　画面を3分割。上下にビハインド、中央に本編を配置した応用例

ビハインド①

本編

ビハインド②

横型動画を縦に並べるだけ。クロップなどもせず、音声を同期させ、シンプルにつくっている。16:9の動画をガイド線で3分割して配置

べた縦型動画にしました。

上と下に、撮影角度の異なるビハインドを置き、真ん中に、実際の撮影映像を置いています。ビハインドをいろんな角度から見せるのも面白いかなと思って、2パターンつくりました。

ちなみにこれ、2人で撮影したので、撮影が本当に大変でした。カメラをセットして、信号が青になった瞬間に横断歩道の真ん中までブワーっと走っていて撮影して、撮り終わったら、また全力疾走でカメラを回収しにいく……体力勝負です（笑）。

冒頭から横型動画ではじめることもあります。例えばシネマ風の動画をシンプルに見せたいとき、僕は頭から横型にします。このように横型の使い方はさまざまです。ぜひ使ってみてください。

section

31

背景を切り替えるだけでドライブ感を演出

▶動画①

被写体が開脚する背後で背景が次々と変わっていき、見るものの目を飽きさせない展開となった。上はそのバリエーション例

背景を切り替えるテクニック使った動画を僕はけっこうたくさんつくっています。

例えばセクション24〈P87参照〉でも紹介している、Y字バランスをとる女の子の背景を切り替えていく動画があります（動画①）。

背景を切り替えると何が起きるのか。

これは単純で、**人物を動かすことなしに、一瞬で別の世界に行くことができる**。つまり静止しながら時間と空間を超えられるということです。これによって、動画に疾走感（ドライブ感）が出ます。

このテクニックは、シンプルなダンス動画などで使っても面白い作品ができます。

他の例を紹介しましょう。

ＳＮＳフォロワーが合計２５０万人超えの人気シンガーソングライター・しまもさんからの依頼で、YouTubeの縦型ミュージックビデオをつくりました（動画②）。いま、ＭＶでも縦型が増えているのですが、この動画で、背景の切り替えを使っています。

冒頭、制服を着た女の子と男の子が歩いている場面の背景を、公園、校庭、海岸……とテンポよく切り替えています。

かけがえのない青春を、さまざまな場所で、さまざまな季節を経て過ごしたことが、背景を替えることで短時間で伝わるのではないかと考えました。というのは表向きの理屈で、何よりノスタルジックな映像を撮りたかったという感じです。

背景を切り替える技術は簡単です。

動画② 背景を切り替え時間と場所の遷移を表現

場所の移動の表現では、背景に対する人物のサイズ（比率）に注意

サイズ（比率）を合わせた映像を撮っておくだけでOKです。人物を切り抜くといった複雑なことはしていないので安心してください。誰でもできると思います。

次は、昼から夜へと一瞬にして時間を切り替える動画です（動画③）。

夏の青空の下の東京タワーに女の子が〝ある魔法〟をかけると、冬の夜のライトアップされた東京タワーに変わる。そんなロマンティックなストーリーを、背景を切り替えるだけで表現しているわけで、とてもコスパのいい動画です。

動画②では場所の移動を見せましたが、この動画③でやっているのは時間の移動です。

もうひとつ、**時間移動**のパターンを

背景の昼夜を転じて時の経過を強調

動画④

パソコンを開いている背後が昼から夜に。時間の経過を一瞬で表現

動画③

雨傘を振ると東京タワーのライトが点灯する。夏から冬へ、昼から夜への時間移動

紹介しましょう。

公園で、女の子がパソコンをカタカタ打っています。ハッと気づくと、夜になっていた……。いかに仕事に夢中になっていたかを、背景の切り替えだけで表現しました（動画④）。これもコスパのいい動画ですよね。

もっと動きをダイナミックにしたいなら、日本から海外にワープするような動画をつくってもいいでしょう。パリのエッフェル塔前など、世界中の観光名所を背景として見せるだけも面白いと思います。

今年は日本全国や、アメリカ、ヨーロッパなどたくさんの旅行を計画中。ついでに、背景切り替えやワープ作品の素材をサクッと撮ってこようかなーなんて考えています。

section

32

ジンバル撮影でも被写体メインの作品は望遠レンズで

いま、写真や動画撮影では24ミリや35ミリの広角レンズを使うのが主流になっていますが、誰がそんなルールを決めたんだ、と疑うところから僕は入りました。

人物を撮るなら、絶対に「望遠レンズ」。

さまざまな経験を経た、現時点の僕なりの結論です。

望遠レンズのよさは、被写体にフォーカスするため、表情やシルエットが美しく映ること。

すでに何度か登場していますが（P85、102参照）、左ページの動画（動画①）も85ミリ中望遠レンズで撮っています。

ラスト、傘を投げる引きのシーンのドラマチックな世界観は、望遠でなければ出せないものです。

背景を見せたいときは、広角レンズを使うのもいいと思いますが、少し画が説明的になるかもしれません。

写真の仕事をしていたとき、自分は広角で撮って欲しいというモデルさんもいました。広角で下から撮るとめちゃくちゃ足が長く見えるんです。

結局は〝好み〟の問題で、僕の場合は、広角から入って望遠に辿り着いたという感じです。

最初に買ったレンズは35ミリの単焦点でした。街に出て、35ミリでポートレートを撮っていたのですが、思い描いている美しさとどこか違うなと。85ミリを買って撮った瞬間に、これだ、と思いました。

望遠で撮ると背景がボケやすく、きれいな「玉ボケ」ができます。人物の後ろのライトが玉みたいにボケるので

動画① 望遠レンズは背景が整理しやすく被写体が浮き立つ

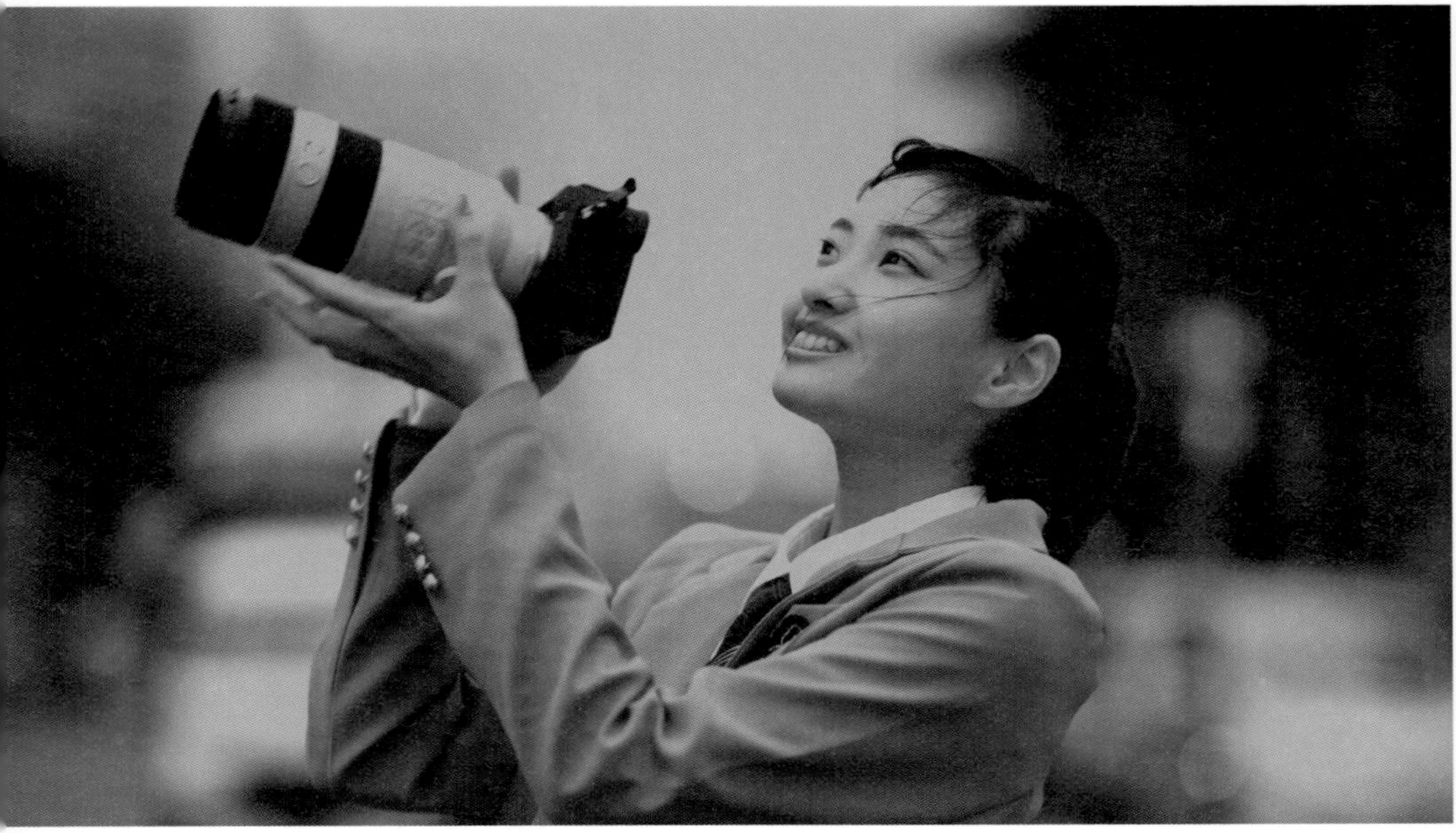

背景のボケ感を引き出すには望遠レンズが効果的だ。望遠レンズは筐体が長くなるため、取り回しが難しくなる

動画②　玉ボケの美しさは望遠ならではの表現

背景の光が淡くにじむように輝く、いわゆる「玉ボケ」はレンズの絞りを開けることで表現できる

玉ボケと呼ぶのですが、**85ミリで撮らないと、僕の好きな雰囲気の玉ボケはできません。**玉ボケがあるとキラキラして、動画がよりロマンティックになるんです。動画②をはじめ、僕の動画の特徴のひとつだと思います。

望遠よりも広角レンズのほうが扱いやすいことは確かです。特に初心者にとってはそうです。小さいし、軽い。

だから**ジンバルに付けるのは広角というのが常識になっているけれど、僕はジンバルでも望遠を使います。**この動画③も、望遠で撮影しました。

ジンバルには広角。それは撮影者の都合だよね、と思うんです。作品の都合を優先したら、必ずしも広角ではなくなるはずです。

それに、**ジンバルに望遠という常識外のことをしたから、僕は目立つこと**

動画③　走りながらの撮影にもジンバルに望遠レンズを装着

尺の長い望遠レンズをつけたジンバルでなおかつ撮影者が走りながら撮るのは、撮影者の身体的な技量が必要だ

ができました。ジンバルに１３５ミリの重たいレンズを付けて全力疾走してる人なんていないから、バズることができたんです。

僕以上に、女の子が望遠を付けた重いジンバルを持っている姿はインパクトがあったと思います。

ただ、望遠を扱うのは容易ではありません。手ブレもするし、被写体を捉えるのが難しい。ちょっとイレギュラーな動きをすると、すぐに被写体が外れてしまいます。**僕は空き缶を置いて、その周りをぐるぐる回るという地道なトレーニングを重ねました。**

僕のようにアクロバティックに走る人は稀でしょうけれど、望遠を使うなら、機械馴れの訓練は必要です。でも慣れたら、広角という常識にとらわれず、望遠を使ってみるのも面白いですよ。

section

33

開始1秒が勝負、尺はよほどのことがない限り30秒以内

動画①

動画は、まずは見てもらわなければ話にならない。長さは5、6秒から、長くて30秒以内にする

現代は、人間が長い映像を見続けることに耐えられなくなった時代。もしくは待つことができなくなった時代といえるかもしれません。

1章から繰り返し述べていることですが、ここでもう一度、お話しさせてください。

僕の動画の多くは15秒から30秒です。短いのだと6秒ぐらいの作品もあります。

15秒というのは、テレビCMの長さです。以前ほどテレビが見られなくなったとはいえ、多くの人が幼少期から慣れ親しんできたテレビCMの15秒というのはバランスの取れた尺なのかもしれません。

だから15秒を基本として、長くても30秒以内。それを心がけています。最近では15秒でも長く感じてしまうときがあるぐらいです。

ワンショット芸作品で6、7秒ぐらいの作品もあります。

動画は、まずは最後まで見てもらわなければ話になりません。最後まで見てもらう作品にするために尺を考える。

次に、何回も見たくなるような作品を目指す。そのためのテクニックのひとつが「**寸止め**」です。**満足してもらいつつ、満足させすぎない絶妙なバランスを保つこと**がキモになります。そのためにも長すぎてはいけない。

食事も腹八分目がよいといいますよね。そのほうが体にもよく、次の食事が楽しみになる。

動画も同じで、お腹いっぱいになってしまうと、リピートしようという意

リピート回数を増やすためは「引っ掛かり」を入れること。「え?」と思わせて、もう一度再生してもらうことを目指そう

欲がなかなか湧きません。興味を持ってもらいつつ、ほんの少し物足りなさを残す。そのギリギリのラインを攻めたほうがいい。

そのひとつのテクニックとして、**見せすぎない**、というやり方があります。クリエイターは自分が撮ったカットをできるだけたくさん見せたくなるものです。僕だってそうです。

でも切り替えて、視聴者目線に立ちましょう。クリエイター目線を離れられないときは、信頼できる人の意見を聞くのも手です。僕も迷ったときは、チームのメンバーに意見を求めます。

まずは尺が短く、バズりやすい作品をつくり自分を知ってもらう。**長編の作品は、分母となるファンが増えてからアップした方がより多くの人に見てもらえると思います。**

動画③

▶VRゴーグルをつけて、1人でダンスする姿が見る人の「引っ掛かり」を生む

ここからは尺の話題から離れますが、リピート回数を増やすために、僕がやっていることは他にもあります。

そのひとつが、**「引っ掛かり」を入れること**。「隠し味」とか「ツッコミどころ」と言い換えてもいい。「え?」と思わせて、もう一度再生してもらうんです(動画②③)。

その他、撮影中にスマホを落としたり、レンズキャップが閉まっていたり、コードがつながっていなかったり……という「引っ掛かり」もありました。**意図的なもの、偶発的なものも含めて、引っ掛かりが自然とリピートを増やします。**

時に炎上することもあるけれど、無視されるよりもツッコまれたほうが何倍もおいしい。動画は見られてなんぼだから。

section

34

カット割りは音楽（リズム）に合わせる

動画①

ビートルズの『Strawberry Fields Forever』を使った動画。音楽は古いからダメ、新しいからいい、ということは絶対にない

音楽は僕にとってかけがえのないもので、何度かお話ししてきたとおり、**音楽ありきで作品をつくることがよくあります。**とくにシネマティックな作品は、音楽ありきです。

一方、**機材など、見せたいものがあるときや、短い動画は、映像から組み立てることもありますが、映像に音楽、音声は必要不可欠です。**

いずれのパターンでも、映像と音楽の組み合わせ、バランスを一番大切にしてます。

例えばカット割りは、音楽のビートに合わせることがあったり、歌詞に合わせることがあったり。技術的にいえば、編集ソフト上の波形の山と、カットのタイミングを合わせたりもします。ぴったり合わない場合でも、必ず気持ちのいいリズムでカットするように工夫しますね。

また、映像と音楽の展開も合わせます。**場面の切り替えでは音楽も切り替え、サビでメインのシーンに入っていく**などです。

映像と音楽を上手く融合させ、あなただけの作品を生み出してください。

音楽の重要性を指摘すると、ではどういう音楽を使うべきですか、とよく聞かれます。僕の答えは、自分の好きな曲です。

動画①では、ビートルズの「Strawberry Fields Forever」を使いました。こうした古い曲を使うこともあれば、YOASOBIなど、流行りの曲を使うこともあります。

映像ありきでつくる動画には、映像に似合う曲を選曲するようにしていますが、そのときの選択肢には、**古い曲から新しい曲まで、洋楽も邦楽も、ロックもジャズもクラシック**も含まれ

曲のビート（拍）にあわせて画面をテンポよく切り替える

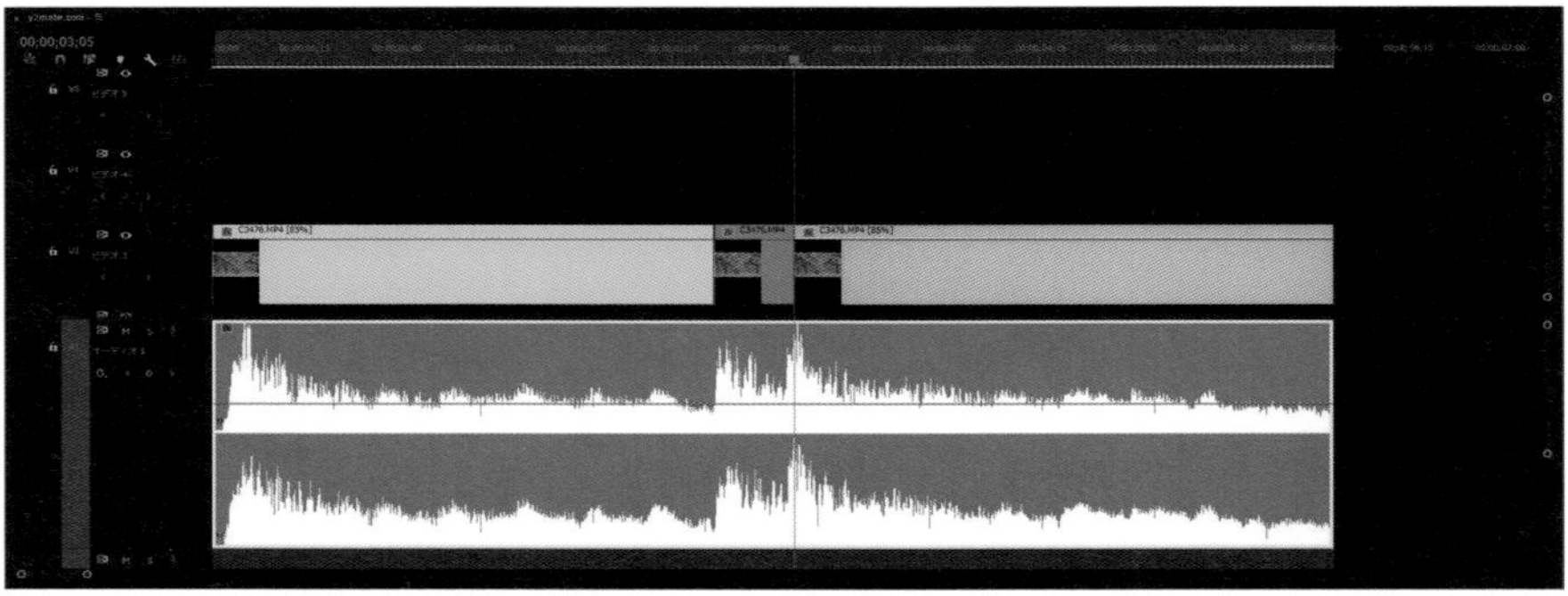

カット割りは、音楽のビートに合わせる。技術的にいえば、編集画面上の波形の山と、カットのタイミングを合わせる

ます。古今東西、オールジャンルＯＫ。古いからダメとか、新しいからよい、ということは絶対にない。

むしろ、ＳＮＳでは流行りの曲で動画を作成している人が多いので、古い曲はある意味でブルーオーシャンですし、魅力的なミスマッチが生まれると思います。

また、流行りの曲を使ったほうがバズるという相関関係も、僕が知る限り、あまりないように感じます。流行りの曲を使っている動画はアルゴリズム的におススメされやすい、ということはあるかもしれません。ただ、ライバルも多いので、確率的にそれほど高くならないのではないでしょうか。

とはいえ無理して古い曲を使う必要はありません。選ぶべきは**「自分の好きな曲」**。好きな曲は編集していても楽しいですよね。楽しんで編集した動画

動画作成のプロセス

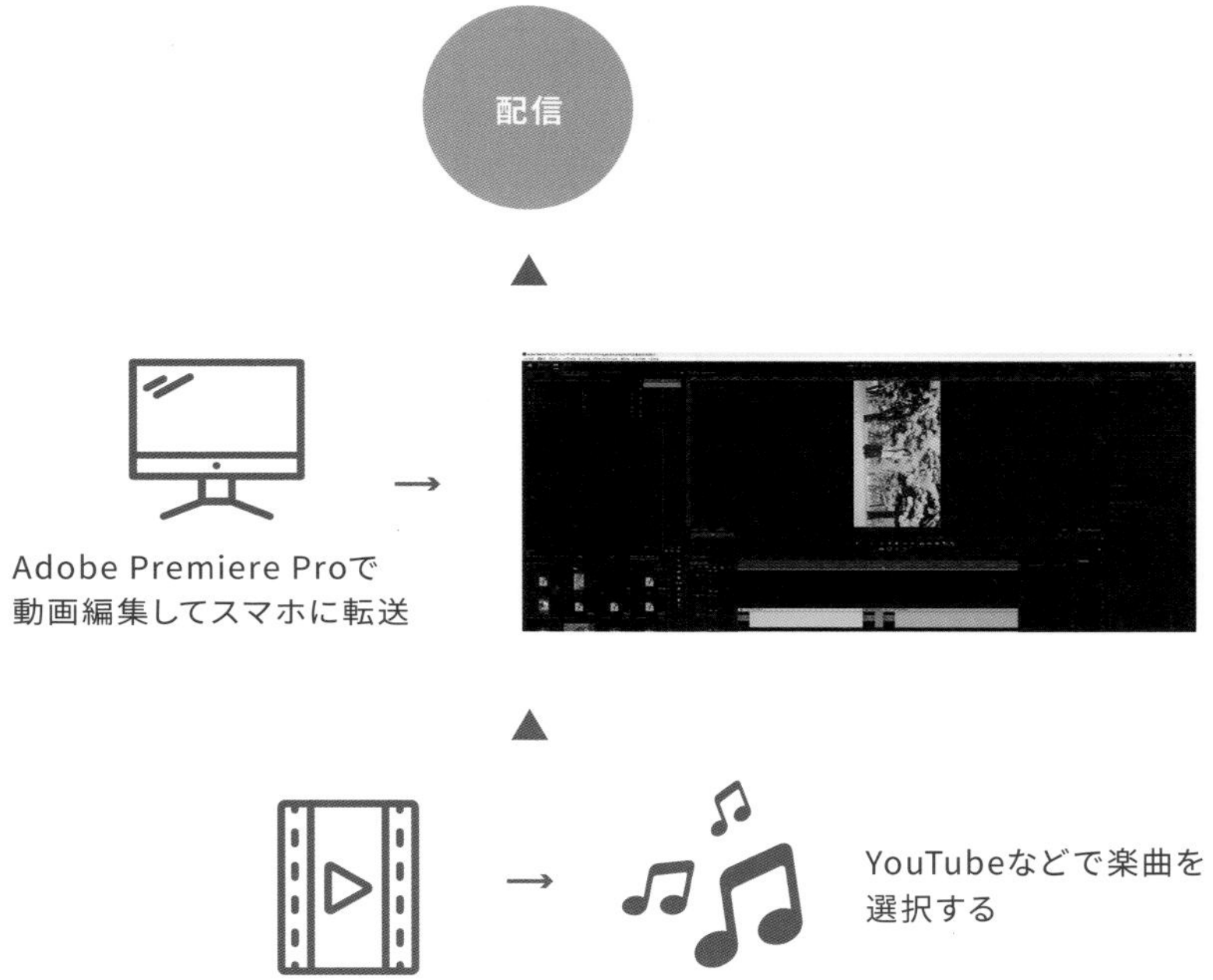

筆者はYouTubeなどから曲を選出するが、リール投稿の場合、最終的にはInstagram内に用意された楽曲に置き換える

は、見る人にもその楽しさが伝わるはずです。

最後に、僕の音楽編集のやり方をお伝えしておきましょう。

使いたい曲が決まったら、主にYouTubeから、音源を自分のパソコンにいったんダウンロードします。そして編集ソフトのAdobe Premiereで、音楽を入れた動画をつくります。

でき上がったら、動画をスマホに移します。インスタのリールの中から使用曲の音源を探して動画に重ね、投稿する際に、オリジナルの音源を落とす。そうすれば、リールの音で再生されます。

インスタはじめ、各SNSには、そのプラットフォーム上で使用可能な音源が用意されています。投稿時にその音源を使用する状態になっていれば、著作権は問題ありません。

section

35

余計なトランジションは使わない

トランジションの使い方は難しい。**使い方を間違えると途端に素人っぽく、安っぽい映像になる**ので、注意が必要です。

トランジションとは、動画のつなぎ目に入れる演出効果機能です。

わかりやすいものでいえば、次の画面に溶け込むように切り替える機能（ディゾルブ）や、画面を横にスライドさせる機能（スライド）だったり、画面を白くする機能（ホワイトアウト）だったり。他にもさまざまなトランジションが動画編集ソフトについているので初心者は使いがちなのですが、多用することはおススメしません。

トランジションをひと言でいうと、**「クセの強い調味料」**です。使い方を間違うと、トランジションの印象ばかりが強くなって、肝心の映像の印象が残らないのです。

そもそも、トランジションを使わずとも、画面の切り替えはできます。

動画①ではひとつもトランジションを使っていませんが、スムーズな切り替えができていると思います。実際、244万回再生されています。

あえてトランジションを使うならば、映像にとってプラスになるような使い方を心がけましょう。意味のある使い方、といってもいいと思います。

何度か紹介している浅草観光連盟の動画（P71参照）では、画面を歪ませるようなトランジションを使っています。動画にノイズを入れたかったので、このトランジションがいい仕事をしてくれました。

動画②では、現代から過去、過去から現代へとタイプスリップする瞬間に

動画① トランジションは必ずしも必要ではない

トランジションは「クセの強い調味料」。使いすぎには注意が必要。トランジションを使わずとも、画面の切り替えは可能だ

動画② トランジションでタイムスリップを表現

過去から現代へと、大きめの転換を伝えるためにトランジションを使用。ストーリー上違和感がなければ大胆に使うことも

トランジションを使っています。

使ったのは「ライトリークトランジション」です。キラキラっと光った後に画面がパンと切り替わるのですが、このトランジションによって、「ここで時空が変わるという、ちょっと大きめの転換が起こりますよ」というメッセージを伝えたいと思いました。

ただ、見ている人に、それほど強い印象を与えていないと思います。電車から学校へ、スーツから制服へと、映像内のインパクトが大きいので、トランジションが印象に残らないのです。

この動画のように、**トランジションをトランジションと感じさせないくらいのトランジションの使い方が正しい**と僕は考えています。トランジションなどのエフェクトはあくまで、素材を生かすための調味料であることを忘れてはいけません。

動画③　あえてトランジション効果を大胆に使う手法

大胆な切り替えの妙を楽しむ作品なので、あえてつなぎ部分を見せることで、トランジション効果を作品の重要ファクターにしてみるのもあり

「トランジションを感じさせない」使い方の対極になりますが、トランジションを主役にするやり方もあります。トランジション自体を見せる作品であれば、トランジションをガンガン使っていいわけです。動画③がその例です。

手ぬぐい店からの依頼でつくった作品ですが、女の子が浅草寺の前で空に投げた手拭いを、次の瞬間、スカイツリーの前で受け取る場面が見せ場です。**大胆な切り替えの妙を楽しむ作品なので、トランジション効果をあえて見せる**ことに意味がありました。

このように、あくまで目的ありきでトランジションを使いましょう。**使うかどうか迷ったときは、シンプルにしたほうがいい**というのが僕の意見。トランジションを使うときは、トランジションが映像の邪魔をしていないか、よくよくチェックしてみてください。

section

36

BTS作品は、本編との差を意識する

ビハインド作品（ビハインドシーンを混ぜる作品）は僕の代表作のひとつです。ここまで読んでくださった方は、そんなのもうわかってるよ、と思われると思いますが、改めて説明させてください。

撮影の裏側を見せるSNSのビハインド作品は、海外発の流行です。いまやBTS（behind the scenes）と略されるくらい、日本でも主流になっていて、仕事で動画をつくるときも、「ビハインドシーン入れてほしい」と言われることが少なくありません。

動画撮影に限らずですが、物づくりの裏側って知らない世界なので楽しいですよね！　裏側を見ると、その人の人間性が伝わってきたり、より身近に感じれたりもするんですよね。

「裏側を見たい」という欲望は人間の本能のひとつなのかもしれません。

最近の、「プロセス」を重視するマーケティングの流行や、共感を重視する世の中の傾向などが加わって、SNSで流行しているのではないかと思います。

僕自身は昔から思っていたのですが、どんな人も状況も「完璧」はありえない。だから**完璧を目指すより、ありのままを見せるほうが、見る人を惹きつける**のです。完璧を目指すなら、情報の溢れたいまの時代、100％では足りなくて、120％でなければインパクトがありません。カッコ悪さも含めたありのままの姿を見せていくことが、現代のオンリーワンのブランディングのつくり方であり、僕たちはそういう時代に生きていると思います。

動画①も、360度のダイナミックな映像だけでは、キレイだけど面白くない。そう思って、カメラを持った女

動画① 完璧よりもありのままを見せる

アクションカメラInsta360の映像を撮影中のビハインド。筆者が必死に台車を押す姿が笑いを誘う

動画②　交差点で書類を放り投げるシーン印象的な話題作

ビジネス街のど真ん中の交差点で書類を放り投げるというシーンが撮りたくてつくった作品。大胆な構図にユーザーからの反響を得た

の子を台車に載せ、僕がその台車を押して走るビハインドを入れました。このビハインドに興味を持ち、よろこんでくれる人が多かった。

ビハインドに笑いは、あってもいいし、なくてもいい。シュールだとか、めちゃくちゃカッコ悪いビハインドも僕はすごくいいと思います。

ポイントは、**本編（実際に撮影した映像）とのギャップ**です。ビハインドは笑えるんだけど、本編はシリアスだとか、ビハインドはダサいんだけど、本編はめちゃくちゃ美しいとか。ギャップをつくることで、ビハインドも本編も生きてきます。

プチ炎上とバズりを経験したビハインド作品があります（動画②が本編で動画③が本編＋ビハインド）。働く女性が通勤電車に乗って忙しく出勤する風景を撮っているのですが、僕が撮り

動画③　ビハインドシーンが注目された車内動画

本編（動画②）とBTSの組み合わせ。ドラマチックな本編と、泥くさい撮影風景（BTS）のギャップに注目
※車内などでの撮影は安全性やパライバシーに配慮しつつ、必要な場合は、所轄の交通機関にご相談ください。

たかったのは、日本橋のど真ん中の交差点で書類をぶちまける場面でした。

で、書類を拾っているときに運命の出会いがあって……というラストが冒頭につながっていて、もう一度見たくなるようなつくり込みをした甲斐もあり、かなり再生されました。

ただ、ビハインドがざわつきました。

電車の中で大きなカメラかついで撮影しているシュールな映像を見せると、「許可をとったんですか！」というコメントがめちゃくちゃ来るんです。

鉄道会社に確認しているので何ら問題ないし、公共の場でiPhoneで撮影している人なんてたくさんいるのに、一眼レフを持つとみんな反応する。そのくらいビハインドには破壊力があるということ。そして、本編では隠されているものを見せるのがビハインドだというがわかってもらえると思います。

section

37

商品紹介はマルチ画面で多面的に見せる

動画をはじめてしばらくたつと、カメラ機材などを紹介するタイアップ動画作成の仕事をいただくようになりました。いわゆる「案件」です。

ものすごくありがたいのですが、僕は仕事を受ける段階で、**「つくりたいものつくっていいのであれば受けます」**と明言します。

広告案件であっても、自分の世界で作品をつくらないと、再生数も伸びないし、何より僕がつくる意味がない。

結果が出なければクライアントに申し訳ない。

逆にいえば、結果が出れば、どんな動画でも結果オーライになる。ということは、「広告案件」だということを意識する必要はあまりないのです。広告案件でもそうでなくても、やりたいことをやらないと、自分自身も楽しくないですしね。

それからこれはSNSの特徴だと思いますが、**〝広告っぽい〟作品が避けられる傾向が強い**です。テレビでCMとして流せば見られるかもしれませんが、SNSで同じことをすると、誰も見てくれない。多くの人が広告ぽいものを見慣れてしまっているからです。

ただ、実際に広告かどうかはあまり問題ではなく、動画の中味の問題です。だから、広告案件であっても面白い動画ならバズる。

その例が、動画①です。マクロレンズ（AstrHori 85mm F2.8）の紹介動画をつくりました。

女の子が屋外の自然の中で座り込んで、真剣な表情でマクロレンズをのぞいている。何をしてるんだろう、レンズの先に何がいるんだろう……と期待

動画① 広告案件でありながら個性を全面に押し出した例

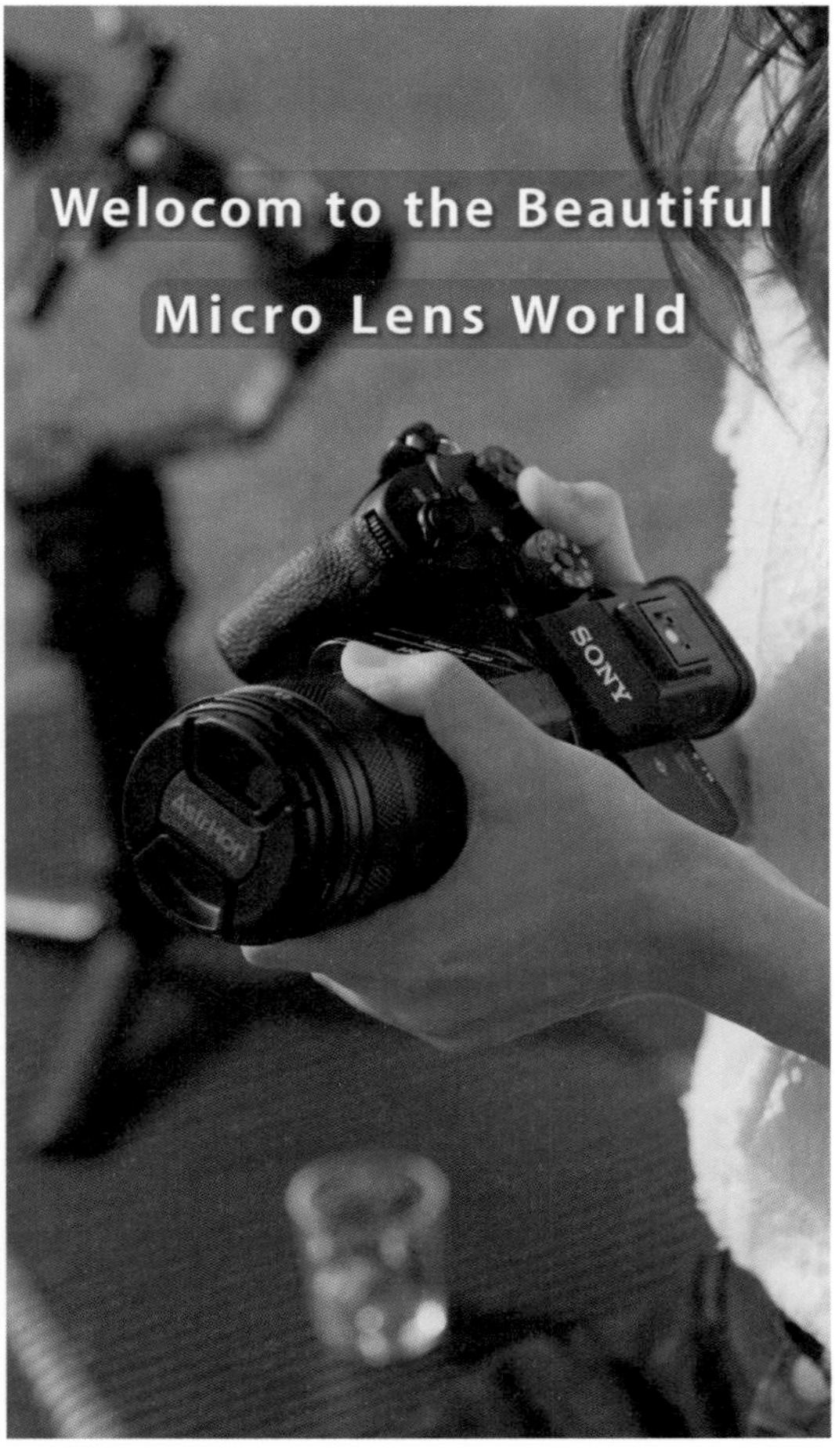

ちょっとセクシーな人形も、撮影者が女性であることでお茶目に映る。このようなユーモアのギリギリのバランスも効果をつくる

動画②　細かい画面分割を使用した広告案件の例

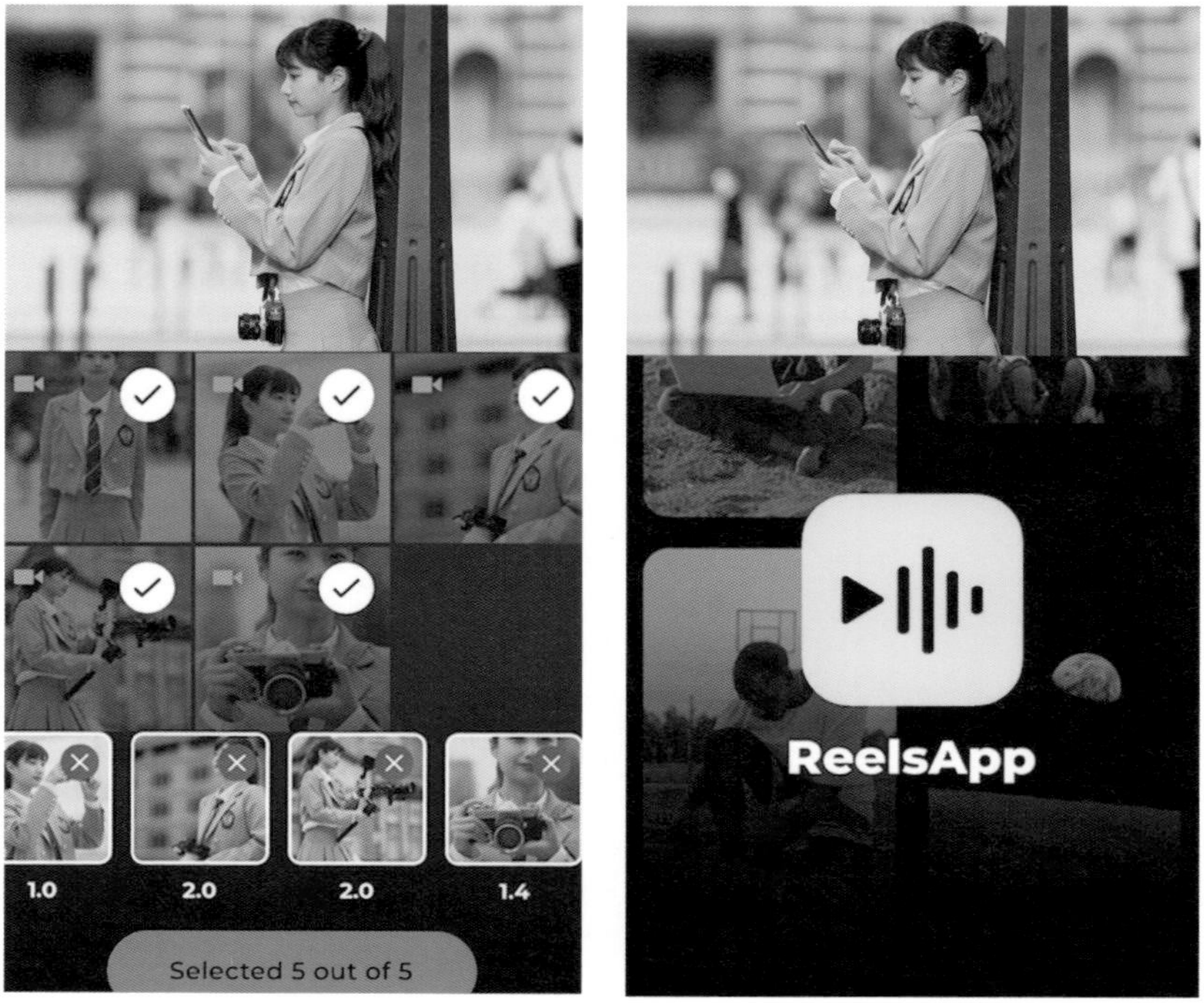

広告案件であっても、個性や遊び心を忘れずに。一方商品の魅力をしっかり出すことも忘れてはいけない

を抱かせておいて、「フチ子さん（コップのフチ子）だったんかい！」と、ツッコんでもらう動画です。僕と同世代には懐かしんでもらえるかな、とも思いました。

フチ子さんの下着も映っています。これ、僕が撮っていたらキモいんですが、カメラを持っているのが女の子（なつか）だから面白いし、可愛いくなっています。絶妙なバランスを狙いました。

クライアントものすごく面白がってくれた動画です。そもそもクライアントは、僕の作品を見て仕事を依頼してくれたわけだから、僕らしさを求めてもいるわけです。

広告っぽさを出さないよう、広告案件でも商品を訴求しすぎないように気を配りますが、当然ながら商品の紹介

をしないわけではありません。

紹介方法を工夫します。効果的なのは、**マルチ画面で見せるやり方**です。

例えば2画面に分割して、1画面はビハインド、1画面は紹介すべきもの（例えばレンズやカメラ）を見せるなどして、商品情報を伝えつつ、見ている人を飽きさせないようにします。

動画編集アプリ（ReelsApp）の動画をつくったときは、かなりつくり込みました（動画②）。女の子がジンバルかついで撮影した映像が、アプリを使ってどう変化していくかを細かい画面分割で見せています。

このように自分の芸風を活かしつつ、見ている人に商品のよさを伝える方法を、頭を悩ませながらいつも考えています。

Column

What's Kiona like？

関係者にインタビュー③

雑賀重昭さん

（株式会社浅草 専務取締役／浅草観光連盟 企画室 ミス浅草ジェニック 実行委員長）

情熱的で常に新しいことに挑戦する人

Kionaさんと出会ったきっかけは、2020年からはじまった「ミス浅草ジェニック」でした。浅草を盛り上げる動画を一緒につくったのです。コロナ禍で浅草も大変なときに、Kionaさんから「浅草を応援したい」と言ってくれた。その気持ちが本当にうれしかった。お互いの想いがひとつになってできたコラボでした。Kionaさんに出会ってから、私も動画づくりをはじめるなど、浅草を動画でPRする活動を広げてきました。

あっという間に終わってしまう1秒、2秒の動画の中にも、Kionaさんはクオリティをしっかりと刻み込むのがすごい。探求心が強く、常に新しいことに挑戦するところも尊敬できます。一方で、クリエーターとしての弱さを自分でちゃんと認めている人でもある。弱いなと感じている部分は、強みにしている人のところへ素直に学びにいく。ずっと努力している人だなと思います。

Kionaさんから、教わったことはたくさんあります。「アイデア次第で限られたものの中からでも、最大限に魅力を引き出せる」。制約がある条件のもとでパフォーマンスを出すのは、難しいものです。しかし、日頃から感覚を研ぎ澄まして、熱心に取り組めば大きな成果が得られます。また、「自分の仕事の価値を信じて実行していく強さ」は、なかなか人が真似できるものではないと感じます。

コロナ禍で、できることが限られているなかで、できることは何か、模索し頑張って挑戦していたKionaさんは僕にとって厳しい時期を戦った戦友であり、活動を通して大切な友人になりました。

Chapter

04

誰もが世界への
パスポートを
もっている

section

38

最初から世界仕様で発信しよう

撮影中、走っている筆者の後ろポケットのスマホが落下した瞬間。思わぬアクシデントを不安に感じるか面白がるかはあなた次第

横断歩道を走り抜ける女性の姿を収録。安全面に配慮できるのなら、自分が面白いと思うことを自信を持って発信しよう

〝一瞬で世界とつながる〟

これがＳＮＳの最大のメリットだと僕は思っています。

だからこれから動画をはじめる方は、世界へ向けて発信してほしい。

と、偉そうに語る僕も、最初から世界を意識していたわけではありません。

インスタグラムをはじめた当初、僕は写真をメインに、主に日本のカメラ好きを狙って投稿していました。

でも、フォロワーが５０００人を超えた頃、はたと気づいたのです。

〈#ポートレート〉を、〈#Portrait〉にしたほうが、検索に引っかかる数は絶対に増えるよなと。つまり、刺さる人の数が、絶対に増えるよなと。

以来、**ハッシュタグを英語でもつける**ようになりました。

世界をターゲットにしたほうが、見てくれる人の数は圧倒的に多いだろう。

なぜ今まで気づかなかったんだろうと自分で呆れてしまうほど、当たり前の事実です。気づかなかったのは、僕の頭が「日本」の中で固まっていたから。

現在、インスタグラムの利用者数が世界で最も多い国はインドです。インドの総利用者数は約2億3千万人です。次に多いのはアメリカで、約1億4千万人以上がインスタを利用しています。一方、日本の利用者数は、約４６００万人です

（２０２３年7月時点　statista〔https://www.statista.com/statistics/578364/countries-with-most-instagram-users/〕より）

◀ただひたすら日本の歩道を走る女性の姿も海外のユーザーの目にはとても新鮮に映る

動画を世界仕様で発信するとひと言でいっても、さまざまな方法があります。神社仏閣や日本の田舎など、〝日本らしい場所〟で動画を撮る方法もあるでしょう。僕は場所ではなくキャラで売っているクリエイターなので、そういう日本らしさのアピールはしませんが、日本らしさを武器として取り入れることもあります。

ただ、海外の人のコメントから教えられたことがあります。

日本人はネガティブにとらえがちなことを、海外の人は、けっこう笑ってくれるんです。

たとえばスマホを不注意で落とした動画を上げると、日本人は「危ない！」と怒る人が多いけれど、海外の人はよろんでくれたり、応援してくれたりする。そういう傾向がある。

日本人だけを意識していたら、日本的コンプライアンスに縛られ、動画の投稿はやめていたかもしれません。しかし、**世界を視野に入れることで、よろんでくれる人がいるから続けよう**と思えた。もちろん、カルチャーや制度が違うことで、相手がどう感じるかは十分に配慮した上で、投稿する必要があることも忘れないでください。

しかし、肯定的な側面からみれば、対象を「日本」から「世界」に広げると、日本的コンプライアンスは必ずしも普遍ではないことに気づきます。これが結果的に、自分の動画の「幅」を広げることになる。

世界を対象にすることで、文化によってさまざまな捉え方があるから、自分が面白いと思うことを自信をもって発信していこうと、勇気が湧くのです。

君に今 会いたいんだ

section

39

フォロワー1万人は「誰でもいける」

僕は今、自分で動画制作をすると同時に、クリエイターのプロデュースを行っています。

そんな僕が確信しているのは、「**フォロワー1万人までは、誰でもいける**」。〝ちゃんと〟やれば、必ず1万人には到達します。1年もあればいけます。

〝ちゃんと〟には主に2つの要素があって、ひとつが**オリジナリティ**を出すこと。もうひとつが、これは何度も言ってきたことなので、またかよと思われると思いますが言います。継続です。もう少し具体的に言うと、**安定的な投稿**です。

ひとつ目の「オリジナリティ」を説明しましょう。

たとえば、「料理」で勝負したい場合はどうするか。

料理動画は今、ものすごく人気ですが、僕は、料理ができない人にこそ、料理動画を勧めます。男女年齢問わずです。さえない中年男性でもまったく問題ありません。そういう人が上手くなっていく「過程」を見せることに価値があるからです。

毎日、決まった時間に、がんばって料理に挑戦する動画を撮る。最初は失敗だらけなんだけど、視聴者に教えてもらったり応援されたりしながら、徐々に上手くなっていく。いつの時代も人間は、表面上は幸せそうに見えても大なり小なり心に闇を抱えて、寂しい人たちが多く、SNSで心の隙間をうめようとしている人たちも多いです。毎日がんばっている姿は、そういう人たちを勇気づけます。

君が僕を忘れてしまっても

君が僕を忘れてしまっても

「きれい」「美しい」など映像のクオリティだけを追求すると、そこはレッドオーシャン。オリジナリティとはいかに作品に付加価値を組み合わせていくかにかかっている

そして、ふたつ目、継続、つまり「**安定的な投稿**」頻度が重要になります。

オジリナリティのある動画は継続するからこそ、できあがるからです。トライ&エラーの動画の作成、投稿をルーティン化してこそ、1万人に到達すると心得てください。

ある女の子のインスタをプロデュースしたとき、彼女は被写体となって撮影することをメインにしてたので、2、3日かけて、1か月分の写真を撮りました。服を5パターン持ってきてもらって、自然系、都会系、室内系、引きの写真、寄りの写真……などと、合計30パターンの写真を撮りました。そうやってつくり込みが完了した状態で、インスタをはじめてもらったのです。

ここでのポイントは、裏で僕がバックアップしているのを表には一切出さないこと。あくまでも、自分一人でがんばってるという姿を見せる必要があります（実際に本人に投稿してもらうので、どちらにしても本人ががんらなくてはいけないのですが）。

安定的な投稿によってはじめて視聴者に認知されていきます。どんなに作品をつくっても、たまに投稿するだけでは、誰の記憶にも残りません。また、安定的な投稿は、アルゴリズム的にも有利に働きます。毎日投稿できない人は、たとえば「4日連続投稿して、残り26日間ゼロ」よりも、「1週間に1回投稿」のほうがベターです。

本人が一生懸命に、がんばって投稿する姿を見せることで、本人の人間性が見えてきて、個性が輝きだし、魅力となり人を引きつけていくのです。

その場限りの撮影に留めず、バリエーションを撮りためるなど継続的な投稿の準備を心がけよう

section

40

1万人→10万人への飛躍法

フォロワー1万人から10万人へ飛躍するにはどうしたらいいか。ここからは、プラスアルファでスペシャルな**「技術」と「気持ち」**が求められます。

前にも言いましたが、僕はフォロワー数が5000になるまで、写真メインで投稿していました。

ある程度の母数となるフォロワーを得たところで動画に切り替えたほうが、火がつきやすかったからです。

2024年のアルゴリズムは全然変わっていて、フォロワーが100人の人も100万回再生、もしくはそれ以上を狙える状況になっています。

動画は写真より、投稿に対する滞在時間が長く、フォロワーにつながりやすいです。僕のインサイトから研究した結果ですが、100万回再生いった動画1本につき、フォロワーが3000人から5000人増えています。単純計算で、ざっくりと3300万再生とれば、10万人増えるということです。また、フォロワーが増えてくると、フォロワー10万人だと、一日に何もしないでも100人は減りますので、**常に継続して投稿し、エンゲージを稼ぐ必要があります。**この毎日減っていくフォロワー、バズらせ続けなくてはいけないプレッシャー、とにかく走り続けなくてはいけない。これらに負けずに継続できる「強い気持ち」と、既存のフォロワーを飽きさせないようにしながらも、新規ファンをもゲットするさらなる「アイデア」や「技術」が必要です。

写真から出発した筆者だが、フォロワーが5千人を超えたとき、当時はまだ競争相手も少なかった動画（リール）の海原に乗り出した

section

41

競合アカウントに勝とうとしない

競合分析も大事だが、縦型動画ならではの手法や自分らしさを極めることが大切

面白ければ編集技術を操り、透明人間にもなる。編集作業はトライした分、新しい発見もあるから、試行錯誤には価値がある

フォロワー数が増えるにしたがって、他人が気になり出すかもしれません。特に、自分と似た動画を撮っている人が。いわゆる競合、ライバルですね。

もちろん僕も気になります。あいつとあいつとあいつを抜いたら、自分は日本で何位になるなって、心の中でひそかに計算していることはあります。

でも、ライバルに勝とうとは思わないんです。

ライバルを意識して作品をつくると、作品を届ける目標がライバルになってしまい、何のために、誰のために作品をつくるか軸がぶれてしまうんです。勝つことよりも、とことん自分らしく自分のつくりたい作品をつくること。そこに自分の情熱を燃やさないといい作品を生み出せないことに気がついたからです。

インサイトを用いたアクセス分析はめちゃくちゃ真剣に行います。客観評価を知ることは非常に重要だからです。

たとえば自分の動画は何時に再生されやすいかをチェックし、それにあわせて投稿時間を決めます。僕の動画は、夜7時頃が再生されやすいので、現在、投稿は夜6時45分と決めています（7時ちょうどだと、予約投稿などで、日本中でみんなが一斉に投稿し、渋滞してしまうので少しずらすようにしています）。

バズるタイミングを計るのも重要です。最近のアルゴリズムは、2か月前の動画が、あるタイミングでバズりはじめるようなことが増えてきました。つまり初動以上に、質が重要。質をキープしながらバランスよく投稿することの重要性を、アクセス分析が教えてくれます。

◀ たとえ、初動が悪くても、質の高い動画は長期的に評価されることも

この〝バランスよく〟がけっこう曲者で、雑な動画を速く頻繁に上げていると飽きられる恐れがある。ある程度の質をキープするために、時に「出し惜しみ」をすることも効果的だと思います。

一方、質の高い動画なら、初動が悪くても、あまり気にしなくていいです。最終的にはなんだかんだでバズっていることが多いからです。

でも、決して自分らしさを見失わないようにしましょう。自分の目の前にいる人をよろこばせることが先決です。

ライバルを一切意識しなくなったからこそ、「みんなすごいなあ」と、尊敬のまなざしで仰ぎ見られるようにもなりました。

リスペクトしながら、ときに真似しながら、自分は自分の道を行っているうちに、気づいたら過去に勝手にライバル視していたクリエイターさんからフォローされてて、ＤＭをやりとりしたり、直接会ったりして友達になっていたなんて素敵な出来事がたくさんあります。

同じクリエイター同士、いろんな気持ちがわかりあえるからすぐに仲よくなれることにも気がつきました（笑）。バズってるクリエイターさん達って優しくて本当にいい人、素敵な人が多いです。

section

42

SNS脳を鍛える

特別な場所や瞬間ではなく、当たり前の日常にこそ、動画のタネはあふれています。僕も、数多くの〝何気ない風景〟をカメラに収めてきましたが、それができるのは、**何気ない風景に気づくことができるようになった**からです。

これを**ＳＮＳ脳**と呼んでいます。

普通に生活していてるなかで「この瞬間、面白いかも」と気づき、すぐにカメラを構える準備ができている状態が、ＳＮＳ脳になっている状態です。

浅草の浅草寺で撮影をし、みんなでお疲れさまと言いあった後、急に強い雨が降ってきたことがありました。その瞬間、僕は「撮りたい！」と思った。で、雨の中を女の子たちに（しかも着物を着たまま）走ってもらいました。だってそんな絵、誰も見たことないでしょう？　これがＳＮＳ脳です。

また、**自分にはとるに足らない場所やシチュエーションでも、見る人によってはスペシャルになる**。そういう視点の切り替えができるのもＳＮＳ脳です。

渋谷のスクランブル交差点は、日本人にとっては人が多くて歩きにくい場所かもしれませんが、海外から来た人にはエキサイティングな場所に映る。はじめて日本に来た知り合いのＤＪも、大興奮していました。

日本の満員電車、ウオシュレットの付いたトイレ、田舎のあぜ道……**僕らには当たり前の風景こそがバズるコンテンツになる**ことに気づけるかどうか。

動画を投稿しはじめたら、ＳＮＳ脳を意識してみてください。

何気ない風景をサッとカメラに収められるマインドセットと行動力を習慣にする

◀キメキメのポーズを押さえた映像にも価値はあるが、何気ない動きを追うことで被写体の意外な素顔を写し取れることもある

先日、うっかりしていて、高いカメラを落として壊してしまいました。めちゃくちゃショックを受けると同時に、オレ、なんでカメラ回してなかったんだ！　と、後悔しました。自分で自分を撮るのは現実的にはムリなんですが、こういう瞬間こそ、カメラに収めたくなるのです。

「失敗」は、ＳＮＳ脳的には、「おいしい」に変換されます。ＳＮＳ脳になれば、失敗にも意味が出てくる。ＳＮＳ脳はすごくポジティブなのです。

失敗も表現の仕方次第でＳＮＳではすごくバズるんですよね。**人は人の不幸を見たい本能があるとか、失敗に親近感、共感を抱くとか、弱い部分をさらけ出す勇気がすごいとか、人は惹きつけるさまざまな要因があります。**とにかく、喜怒哀楽、人の感情を揺さぶったものが勝つ世界です。

思いついた瞬間に撮影できない場合もありますので、僕はとにかくメモをとるクセをつけています。１人のLINEグループをつくって、そこに書き込んでいく。ほんのひと言でいいんです。思いついたアイデアを逃さないようメモするのも、ＳＮＳ脳のひとつです。

僕の頭は24時間、３６０度で常に脳内カメラがスタンバイしています（笑）。

section

43

トレンドを意識しつつ意識しない

いま、この時代に生きていること。

それを強く意識してほしいと、僕は動画をはじめる人に伝えます。とりもなおさず、SNSがいまの時代のツールだからです。

SNSのなかでも、サービスによってユーザーの特徴があります。簡単に述べると次のとおりです。

・Facebook は年齢層が比較的高め
・TikTok は10代中心
・X（旧 Twitter）は年齢層が幅広く、動画よりテキスト中心
・Instagram は10代〜40代くらいまでが中心
・YouTube は全世代

こうした特徴を把握した上で、**自分がどのプラットフォームで勝負するのかを決めてください**。難しく考える必要はありません。自分がよく見ているプラットフォームが、自分が好きな世界のはずです。そこで勝負するのが自然だろうと思います。

僕がいまつくっている動画を30年前に発信していても、これほどの評価は得られなかったと自覚しています。僕は調整して、いまの時代にハメにいっています。無意識でやっていることが、たまたま時代にハマってバズっている、というクリエイターもいますが、僕が知る限り、20代の若いクリエイターであっても、時代をつかむ努力をしています。**いまの時代にハマる世界観をものすごく計算し、つくっています**。

各SNSの全世代の利用率（令和4年）

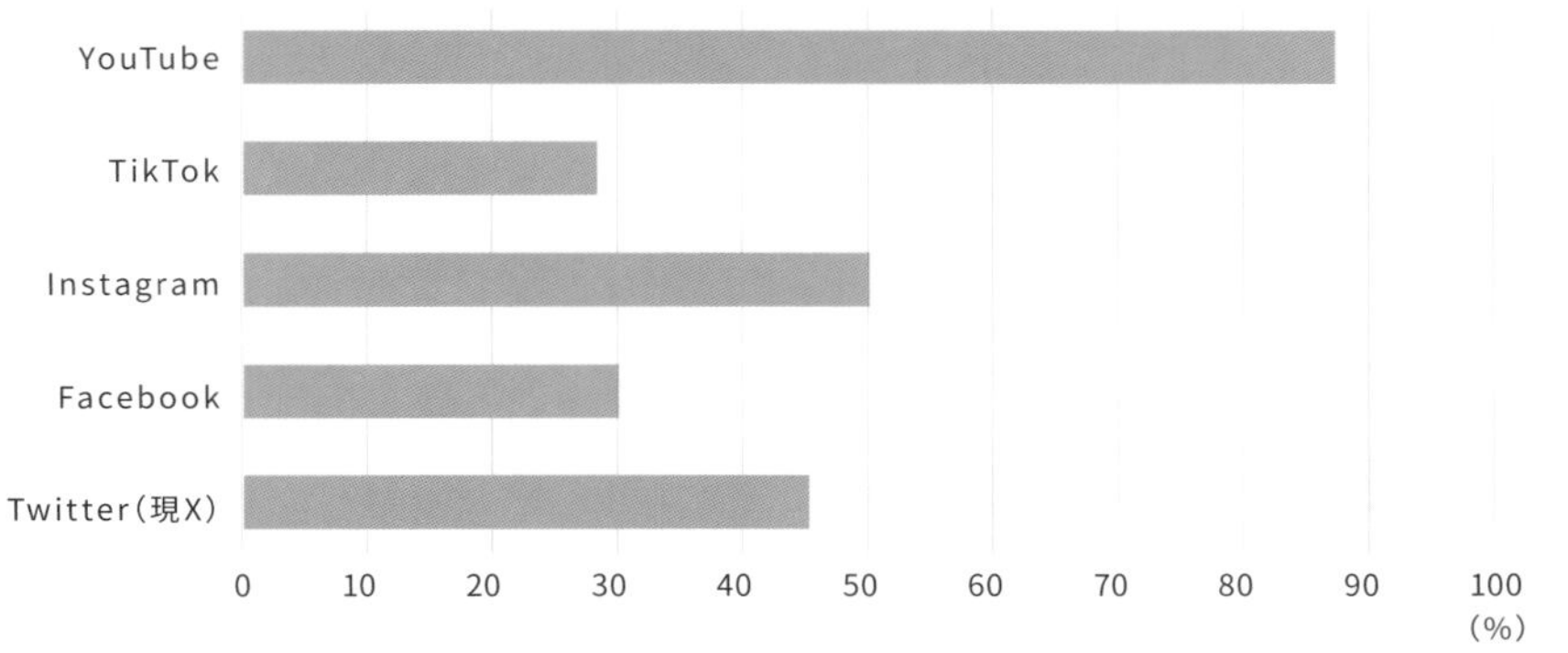

出典：令和4年度情報通信メディアの利用時間と情報行動に関する調査報告書
（総務省情報通信政策研究所）より作成

世代別各SNSの利用率（令和4年）

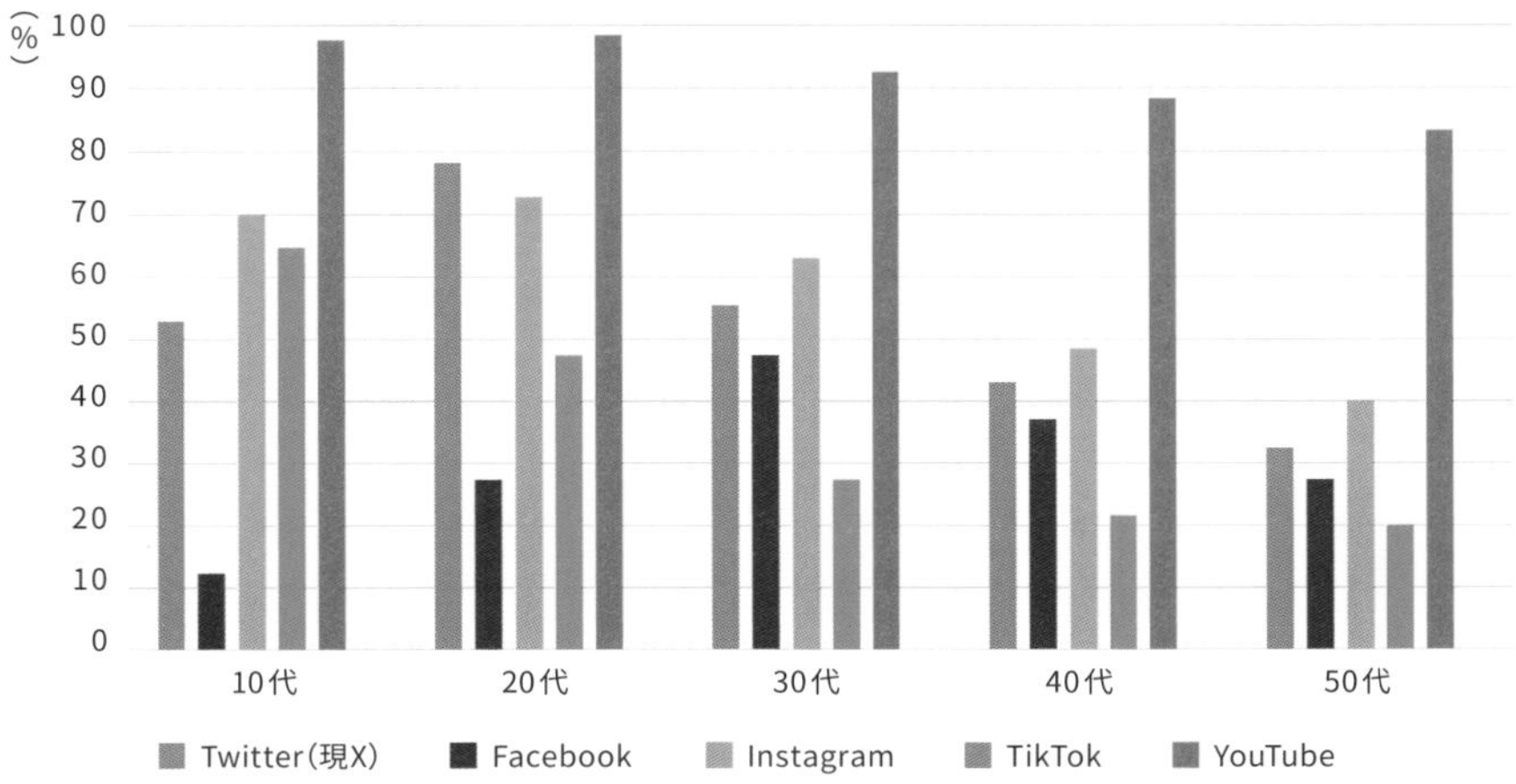

出典：令和4年度情報通信メディアの利用時間と情報行動に関する調査報告書
（総務省情報通信政策研究所）より作成

YouTubeは横型動画も含むがやはり強い人気だ。しかし、リール動画が人気のInstagramのシェアも見逃せない。TikTokは若者に人気だが全世代的にはまだ利用率は高くない

◀トレンドを意識しつつ、意識しない。トレンドを追って疲弊するより、自分らしさを優先することでモチベーションを保つ

僕の好きな音楽にたとえるならば、自分の好きな曲を聴き続けることも大事。一方で、いま流行りのものに感動できる心を持っていないと、いまの時代にヒットは生み出せないだろうということです。

そして、いまの時代、トレンドの移り変わりは非常に早い。だから、トレンドを意識しつつも、僕の場合は、意識しすぎないように気をつけています。

さっきは時代に合わせろと言ったではないか、矛盾しているではないか、と思われた方がいるかもしれません。そのとおりです。

トレンドを意識しつつも、意識しすぎないようにするのは、僕の場合、そうしたほうが自分のモチベーションを保てるからです。動画を初めて2年。次第に自分の性格がわかってきました。

トレンドだけをひたすら追っていると自分らしさがなくなり、自分を見失ってしまう。時として、トレンドを追ったほうがバズることもあるかもしれませんが、**トレンドを追うがために、自分がやりたくない作品をつくり、投稿してすべったときの精神的ダメージは半端ない**です。継続するにはとにかくモチベーションを保たなければいけません。

トレンドを意識しながらも、トレンドとの距離はそこそこの自分流でいい。ベストパフォーマンスを発揮できる自分にとってちょうどいい距離感で、トレンドとつきあってください。

ABLIC

section

44

海外企業とのビジネスを育む

僕はこの2年間で、国内、海外で50社以上の企業とかかわってきました。

その中で、国内、海外とわず、**グローバルでバズってる企業はとにかくスピードが早く、フットワークが軽くてこっちがビックリする**レベルです。SNSの世界は、明日にはトレンドが変わるスピード感で世の中が回ってることをよく理解しているんですよね。そのことについて触れておきます。彼らとのやり取りはこんな感じです。

①この商品をのプロモーションお願いします
←
②契約書をメールで送ります。半額入金します
←
③商品送ります
←
④作品完成
←
⑤投稿
←
⑥入金

このすべての流れが、早いときは1週間から10日で終わります。

海外企業との仕事では作家としての個性を出しやすいメリットがある

◀ クリエイターにとって、制約の少ない広告案件は、むしろパフォーマンスを向上できる

国内外の法規制や慣習などに配慮しつつも、クリエイティブな活動がしやすくなった

テロップの間違いとか以外は、完成した作品に対して、ほとんど直しが来ることはありません。彼らはクリエイターの思うとおりにつくらせてた方がバズることをよく理解しているんですよね。

僕は海外企業とは、代理店など一切挟まずに直接取引しています。だからこそ、ダイレクトに意見を言い合えるし、話し合える。よりいい作品をつくれるし、企業とクリエイターがひとつのチームとなってグルーブ感が増していき、いい作品が生まれる。作品を納品し、企業側から、「**キオナ、この作品は最高だ！　君に依頼して本当によかった!!**」とか感情をダイレクトに伝えてくれると、こっちのモチベーションも爆上がりするんです。

しかも、海外の企業は、暑中見舞い、クリスマスなど、丁寧に手紙付きでプレゼントを送ってくれたりするんですよ。クリエイターに対する感謝、リスペクトを凄く感じるし、僕らを大切にしてくれてます。もはや、おもてなし精神は、日本よりも海外の方が強いと感じるぐらいです。

特に日本は中間業者も多く、情熱的につくった作品や思いは、企業に届くことがなく、しぼんでしまうことが多いです。クリエイターや作品のことよりお金儲けが選考してしまうケースも日常茶飯事です。もちろんきちんとした代理店もあり、仲よくお付き合いしている大手代理店もあります。

グローバルに戦っていくには、すべての無駄をそぎ落とし、いいものをつくることだけに集中し、ストレートに人々へ届ける。ある意味でシンプルな時代になっているのだと思います。

No Drone?
No Problem!

section

45

稼ぐことより大切なこと

稼ぐことは大事だがそれを主体にしてしまうと疲弊するし、作品にもいい影響はない

道なき道を行く。何の保証もなくこつこつ動画をやってきていまがある

僕は幸いなことに、いま、動画で稼いでいます。好きではじめた動画が、ビジネスになっている。大手企業との年間アンバサダー契約をし、企業の動画作成依頼などで、生活の糧を得ているわけですが、ここを目指して動画をはじめたわけではありません。むしろマネタイズなんて一切考えてなかったし、正直、今現在もマネタイズを重要視していません。

動画投稿を何のためにやるのか。

人それぞれだとは思いますが、僕の場合はとにかく、自分自身でつくる映像作品によって自分を表現できて、それを発信できることがうれしくてたまりませんでした。この気持ちは今も変わりません。

過去を振り返っても、このモードに入って進んでいると必ず想像を超えるような運命的な出会いや、必然的に奇跡が起きるのを自分自身が知っているからです。

みなさんは、スマホがあれば「今この瞬間に世界に映像を発信できることの価値」を考えたことがありますか？　しかも無料で。

一昔前なら、世界中に映像を発信しようとしたら、何十億、何百億かかる世界なんですよ。僕は長く音楽業界、芸能界の裏方として身を置いていたので、その価値を誰よりも理解しているのかもしれません。それを無料で発信できて、視聴して、世界的な大スターと同じ土俵で発信できるんです。誰にでも平等にチャンスがあるんです。

日本は、先が約束されていることが当たり前の時代が続いてきました。新卒で正社員になれば終身雇用で定年まで給料が保証される……、多くの人にとってこ

◀自分の世界観が一人でもユーザーの心に届くことがどんなに幸せなことか。フォロワー増加やいいね獲得も大事だが、SNSという思いが伝わる手段があるこの時代に感謝したい

ういう人生が当たり前でした。そういう人にとっては、稼げるかどうかわからない道に足を踏み入れるのは時間の無駄だと感じられるかもしれません。

でも、会社員になったことも正社員になったこともない僕にとっては、道なき道を行くのが当たり前でした。自分で道を切り開く人生しか歩んだことがないから、何の保証もなしに駆け抜けてきてこそ今があります。

僕はポジティブな方だけど、当然、落ち込むことはあります。自信をもって投稿した動画が思ったほど再生されなくて凹む、なんてことは日常茶飯事です。でも考えてみたら、自分の動画を、自分のことを知らない人が1人でも見てくれたら、よろこぶべきではないでしょうか。

フォロワーが少ないと嘆く人もいるけれど、100人でもすごいし、5000人いたら日本武道館収容人数の半分です。SNSの数字に慣れてはいけません。

振り返れば学生時代の頃、僕はクラスで良くも悪くも常に浮いている存在でした。子どもの頃から日本の社会の仕組み自体に疑問を抱き、世間の常識には染まらない、自分の道を突き進む変わり者だったからです。そんな変わり者の自分を応援してくれる人や、1人でも動画を見てくれている人がいる。それだけで幸せなことなんですよ。今の自分がいる環境が恵まれていることを常に感じ、まわりの方々への感謝の気持ちを常に持ち続け、それらを自分のモチベーションに変換し、また楽しく投稿する。そういうマインドセットが物事をプラスに循環させ、結果として長続きしていくのかもしれません。

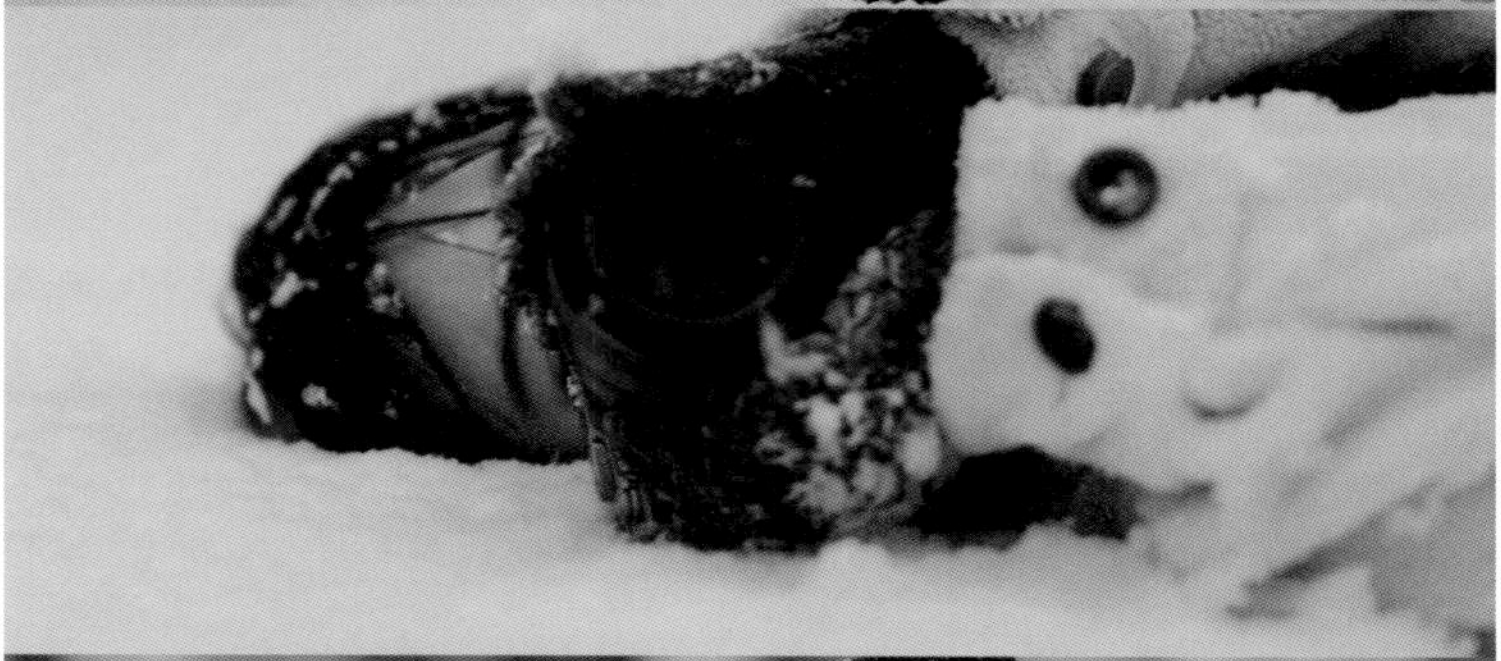

section

46

自分を成長させる仲間を持つ チームKionaのつくり方

僕にはいま、20人のクリエイター仲間がいます。

このいわば〝チームKiona〟は、一人ひとりが独立して活動しながら、時に一緒に動画を撮ったり、意見交換をしたりするクリエイター仲間です。気が合うし、相手へのリスペクトも持っています。

クリエイターは孤独なものです。作品を深めるために孤独は絶対必要。だけど、それだけでは続きません。**アイデアが浮かんだとき、率直な意見を言ってくれる仲間がいることに、僕は何度も助けられ、励まされてきました。**

僕も仲間にとって、そういう存在でありたいと思って行動しています。

〝チームKiona〟の第1号は、僕がライカを手に街に出て、「撮影させてください」と頼んで快諾してくれたあすかでした。

写真初心者でお金もない僕が身の丈に合わないライカを買ったのは、絶対にやり切る覚悟を持つためと、歴史ある高級カメラブランド「ライカ」にふさわしい男になってやると自分自身を成長させるためでした。街では絵になる人、自分が惹かれる人に、男女関係なく、片っ端から声をかけていきました。当然、ほとんどの人に断られます。泥水をすするような経験もたくさんしました。正直、きつい時もありました。

でも、**1000人以上に声をかければ、1人は興味を持ってくれる人が出てくる。**そしてそういう珍しい人って、かなりの確率でいい人、面白い人だったりする。そういう貴重な1人と知り合えたことが、僕の財産になりました。

◀ 一緒に作品をつくる仲間がいる、ということが自分の成長にどれだけ役立ったかは計り知れない

たくさん出会いと失敗を繰り返しながらチームは強くなっていく

撮らせてもらった人にはその場で写真を見せて、インスタの交換をするんです。その後、友人になる人もいれば、ならない人もいる。そこは人間関係です。気の合う人とは続くし、そうでない人とは続かない。人の出会いやつながりは、それでいいと僕は思っています。

たくさんの人に声をかけて、写真を撮って、失敗して、失敗して、また写真を撮って……を繰り返していくうちに、少しずつ仲間が増えていきました。

インスタのフォロワー数が増えていくと、ＳＮＳ上で知り合う人も増えていきます。本気でがんばっていると、同じくがんばっている友達が自然とできるものですよね。リアルでも、ＳＮＳでも。こうして、チームＫｉｏｎａの輪が少しずつ広がり、強固になっていきました

2年前、何も持っていなかった僕にあったのは、一歩踏み出す勇気だけだった。

クリエイターの共通言語はとりもなおさず作品です。**いい作品をつくっていれば、あなたが誰であろうと、クリエイターとして信頼されます。そして仲間ができます。**

勇気を出して一歩踏み出して、気の合う仲間をつくり、みんなで励まし合いながら、あなただけの作品をつくり続けてください。

明日に向って前に踏み出す勇気。それが動画クリエイターの第一歩だ

あとがき

人生は何度でもやり直せる

「自分の好きなこと」「オリジナリティ」を動画で発信しよう。

何度もこの本でそう伝えたのには意味があります。

ちまたではよくある話で恐縮ですが、僕は経営していた会社が数千万横領され破産したり、18年間ともに活動してきた先輩にお金を持ち逃げされたり、国民的スターの某有名アーティストの事務所の次期社長候補だったのに断ってしまったりとか、いろんな大失敗をたくさんし、大きいチャンスを多数逃してきました。

その中でも僕は人生で2回、超大きなチャンスを逃しております。

1度目は、エイベックスの松浦勝人さん（現会長）にいただいたチャンスをふいにしたこと。2度目は、流行る前からYouTubeをはじめ、コブクロの小渕健太郎さんからチャンスをいただき絶好調だったにもかかわらず、まわりの大人たちのYouTubeに対するネガティブな意見に影響され、やめてしまったこと。

最大の原因は、周囲に流され、自分自身を貫けなかったことにあります。

大きな失敗といえば、その通りなのですが、その時の仲間たちみんなと大きな夢をみて全力で駆け抜け、最高に楽しく幸せな時間を過ごしており、後悔は一切ありません。

何より冷静に当時の自分のことを分析すると、簡単に一喜一憂してしまい、まわりに流される心が弱い自分は、上に上がる実力も資格もなかったと素直に思うのです。

3度目の正直。

いまは生きる上で、すべてのことに対して、とことん自由に自分の感覚を貫く。たとえ失敗しても、自分がやりたいようにやりきると決めています。

2021年、当時39歳の僕はクリエイターとしてスタートするにあたり、何のコネも人脈も使わずに活動をはじめました。いや、正確にいうと会社が破産しあらゆる大切な物を失ってしまった僕には今まで関わってきた人たちに連絡する勇気もパワーもありませんでした。

そんな僕を救ってくれたのがカメラであり、動画であり、SNSでした。僕は自分に起きる、いいことも悪いこともすべてに意味があると思っております。すべての経験が魅力となって自分にインストールされていく。

僕がつくった映像作品は、たとえ3分という短い時間で撮影から編集まで完成したとしても、そこには僕の41年間の人生、思いが詰まっており、「41年と3分」で完成した作品です。

これこそが僕の最大のオリジナリティだと自信を持って言えます。

この本を読んでいるあなたにも、あなたが主人公のオンリーワンの素晴らしい人生があり、唯一無二、あなただけの最高のオリジナリティが必ずあります。

カメラを片手に街にくりだし、一人ひとりに声をかけ新たな仲間を作り、ゼロスタートからはや2年。現在も僕は、過去にも未来にも一切囚われず、いまこの瞬間だけを大切にし、ただひたすら駆け抜けています。

僕のような中途半端な人がこんなことをいうのは大変恐縮ですが……。

人生はいつだってやり直せます。何度だってやり直せます。

僕の本を読んでくださり、ありがとうございました。

まえがきでも伝えましたが、この本がきっかけで、誰かの人生のほんのわずかでも、何かいいきっかけになれたらうれしいです。

この本を読んでくださったあなたの、「あなただけの作品」に出会えるのを楽しみにしております。

最後になりますが、ずっと変わらず僕を支えてくれている家族や友人、一緒に活動してくれているチームのみんな、お世話になっている企業のみなさま、この本を出版するにあたり協力してくれたみなさま、本当に本当にありがとうございました。これからもよろしくお願いします！

筆者

動画索引

同 Section 内の動画を表記する際、掲載順に sec.2-1、sec.2-2 のように番号を振っています。同ページ内の複数の動画については右から時計回りになります

Page	Section	Camera	Video QR
19	sec.3-4	Sony FX3	
20, 132	sec.4 sec.35-2	Sony α 7SIII	
23	sec.5	DJI Mavic 3 Pro	
25	sec.6-1	Sony FX3	
25	sec.6-2	Sony α 7SIII, α 7C	
27	sec.7	Sony α 7 IV	
31	sec.9	Sony α 7 IV, α 7SIII	
32	sec.10-1	Sony α 7SIII	

Page	Section	Camera	Video QR
35	sec.10-2	Sony FX3	
35	sec.10-3	Sony α 7SIII, Xperia 1 IV	
35	sec.10-4	Sony FX3, Xperia 1 IV	
39	sec.11-1	Sony FX3, Xperia 1 V	
41	sec.11-2	SONY α 7R5	
41, 177	sec.11-3 sec. 46-2	Sony FX3	
43	sec.12-1	Sony FX3, α 7SIII	
45	sec.12-2	Sony FX3, Xperia 1 V	

Page	Section	Camera	Video QR
48, 100	sec.14-1 sec.27-2	Sony α 7SIII, FX3	
49,51	sec.14-2	Sony α 7SIII	
52	sec.15-1	Sony FX3, α 7SIII	
55	sec.15-3	Sony α 7SIII, α 7IV	
55	sec.15-4	Sony FX3, Xperia 1 IV	
57	sec.16	Sony α 7SIII, Xperia 1IV	
58	sec.17-1	Sony α 7IV, α 7C, α 7SIII	
60, 176	sec.17-2 sec.46	Sony FX3	
61	sec.17-3	Sony FX3	
63	sec.18	Sony α 7SIII	
64	sec.19-1	Sony α 7SIII	
65	sec.19-2	Sony FX3	
65	sec.19-3	Sony α 7SIII	
67, 106	sec.19-4 sec.29-1	Sony α 7SIII	
71, 108	sec.20-1 sec.29-2	Sony FX3	
73	sec.20-2	Sony FX3	

Page	Section	Camera	Video QR
74, 76	sec.21-1	Sony α 7SIII	
77	sec.21-2	Sony α 7SIII	
79 82, 84, 121	sec.22-1 sec.23-1 sec.32-3	Sony FX3, Sony α 7SIV	
80, 111, 144	sec.22-2 sec.30-1 sec.38-1	Sony FX3, Xperia 1V	
81, 135	sec.22-3 sec.36-1	Insta360 X3	
85, 102, 104, 119	sec.23-2 sec.28-1 sec.32-1	Sony FX3	
87	sec.24-1	Sony α 7SIII	
87	sec.24-2	Sony α 7SIII	
88	sec.24-3	Sony α 7SIII	
89, 113	sec.24-4 sec.30-3	Sony α 7IV, α 7C, α 7SIII	
90, 93	sec.25-1 sec.25-4	Sony α 7SIII	
91	sec.25-2	Sony α 7SIII	
93	sec.25-3	Sony α 7SIII	
94	sec.26-1	Sony FX3, α 7R5	
96	sec.26-2	Sony FX3	
97	sec.26-3	Sony α 7R IV	

Page	Section	Camera	Video QR
98	sec.27-1	Sony FX3, α 7SIII, Xperia 1IV	
100	sec.27-3	Sony α 7SIII, α 7c	
101	sec.27-4	Sony α 7SIII	
105	sec.28-2	Sony α 7SIII	
109	sec.29-3	Sony α 7SIII	
112	sec.30-2	Sony FX3, Xperia 1IV	
114	sec.31-1	Sony α 7SIII	
115	sec.31-2	Sony α 7SIII	

Page	Section	Camera	Video QR
117	sec.31-3	Sony α 7SIII	
117	sec.31-4	Sony α 7SIII	
120	sec.32-2	Sony α 7SIII	
122	sec.33-1	Sony FX3, α 7SIII	
124	sec.33-2	Sony Xperia 1 V	
124	sec.33-3	Sony FX3, α 7SIII, Insta360 GO3	
125	sec.33-4	Sony FX3	
126	sec.34	Sony FX3, α 7SIII	

付録1

3大縦型動画の概要と特長

インターネットの高速化と技術の進歩によって、動画の視聴やアップロードがスムーズになり、ストレスなく動画共有を楽しめるようになりました。さらに、スマートフォンのカメラ機能も日々進化しており、手軽に高品質な動画を撮影できるようになっています。

テレビ番組のような横型の長尺動画を楽しむのもよいですが、最近ではコスパ（費用対効果）やタイパ（時間対効果）を重視する人が増えており、短時間で情報収集や娯楽を楽しめる短尺のショート動画が注目されています。ショート動画は、モバイル重視で開発された動画なので、手軽に視聴できるのがメリットです。たとえばYouTubeの横型動画をスマホで視聴しようとすると、画面上部に小さく表示され、大きくしたいときにはスマホを横向きにする必要があります。一方、ショート動画は縦型の動画なので、スマホを縦にしたまま視聴することが可能です。

そもそもショート動画のブームはTikTokから始まり、日本では2017年10月にサービスが開始され、Z世代と呼ばれる人たちを中心に爆発的に人気となりました。TikTokの流行に触発され、2020年8月にInstagramのショート動画「リール」が登場します。そして少し遅れて2021年7月にYouTubeでもショート動画が追加され、今日のショート動画ブームに繋がっています。

同じショート動画でも、SNSによってユーザー層や動画の内容が多少異なります。Instagramユーザーは、見栄えの良いものを好むため、綺麗な景色やキラキラした小物、スタイルの良い女性の動画などが人気です。YouTubeでは、ユーチューバーと呼ばれる人気者のチャンネルに視聴者が集まります。お気に入りのチャンネルにショート動画が投稿されると、ショート動画の画面に流れてくる仕組みです。そしてTikTokは、ユーザーがとりわけ流行に敏感なので、常に斬新な動画が投稿されています。TikTokで流行した動画が、YouTubeに流れ、しばらくしてInstagramに広まるという現象もしばしば見られます。

どのショート動画にも共通して言

各動画の紹介

Instagram

Facebookと同じくアメリカのMeta社が運営。若い女性を中心に根強い人気を保っている。モデルや女優が利用しているため華やかでおしゃれなイメージが強い。

TikTok

中国のByteDance社が運営するショート動画をメインとしたSNS。若いユーザー層が多いため、テンポが良くて斬新な動画が多数あり、トレンドの発信源となっている。

YouTube

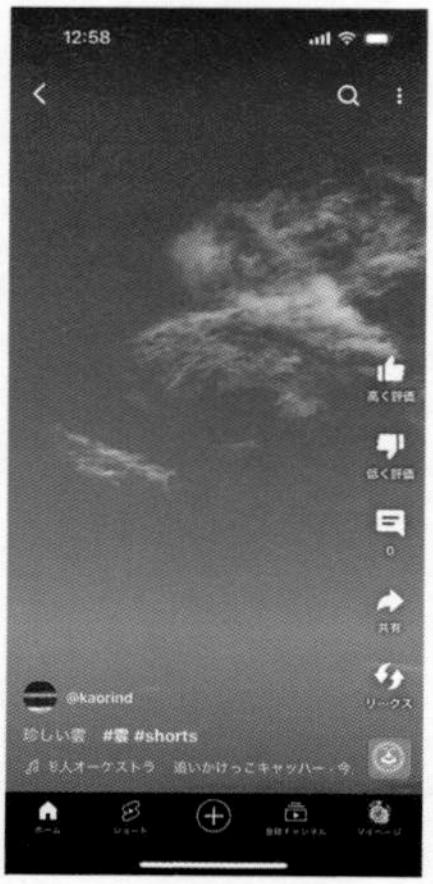

動画配信サービスの代表格で、Googleの子会社が運営している。エンターテインメントや美容、教育、スポーツなど、多岐にわたるジャンルの動画を楽しめる。

えるのは、冒頭に興味を引く場面を入れないと見てもらいにくいという点です。視聴者は、通勤電車や休み時間に次から次へとスワイプしながら動画を視聴するため、最初の2秒以内にインパクトのある場面を入れないと、続きを見てもらえない可能性があるのです。

また、動画に流れる音楽に惹かれる人も多いため、どの曲を使うかで再生回数が変わってきます。「勝手に音楽を入れていいの？」と思うかもしれませんが、心配無用です。三者ともJASRACと利用許諾契約を締結しているので、アプリ内で用意されている音楽は問題なく使用することができます。

いつでもどこでも手軽に楽しめるショート動画の需要は伸び続けているので、今後も多くの人々に楽しみや利益をもたらすでしょう。

Instagramとリールの特徴

インスタは写真と動画を楽しめるSNS

Instagram（通称インスタ）は、写真や動画を投稿して他のユーザーとの交流を楽しめるSNSです。もともとは写真がメインでしたが、2020年8月にショート動画のリールが追加され、写真と一緒に短尺動画も楽しめるようになりました。

Instagramの画面下部にある「ホーム」（家のアイコン）や「リール」（動画再生のアイコン）をタップすると、フォローしているユーザーの動画だけでなく、視聴履歴や「いいね」を付けた動画を元に、おすすめの動画も表示される仕組みになっています。投稿する際には、カメラアプリで撮影した動画を投稿することも、Instagramアプリで撮影してその場で投稿することもできます。最長90秒までの短尺動画の投稿が可能です。

インスタユーザーは、おしゃれで綺麗な写真を好むので、リールも見栄えのいい動画に人気が集まります。そのため、撮影した動画をそのまま投稿するのではなく、音源やテキストにこだわり、フィルターやエフェクトなどで見栄えよく編集することがポイントです。また、ホーム画面やリール画面の動画は、冒頭がつまらないとスワイプして次の動画に移ってしまうので、注目されやすい場面から開始するようにしたり、流行の楽曲を選択したりなどの工夫が必要です。さらにカバー写真に文字を入れると、プロフィール画面からも見てもらいやすくなります。

特徴

写真とショート動画が共存している

見栄えのいい動画が多い

フィルターを使用している動画が多め

仕様

最長時間	90秒
解像度	720ピクセル以上
アスペクト比	1.91:1 ～ 9:16
ファイル形式	MOV/MP4
動画容量	4GB（最大）
BGMの有無	あり（無料）
編集機能	サウンド、テキスト、スタンプ、エフェクト、フィルター、メンション、ハッシュタグ

リールの閲覧方法

リールを見るにはいくつかの方法があります。
ここではその閲覧方法とリール再生画面での操作について簡単に紹介します。

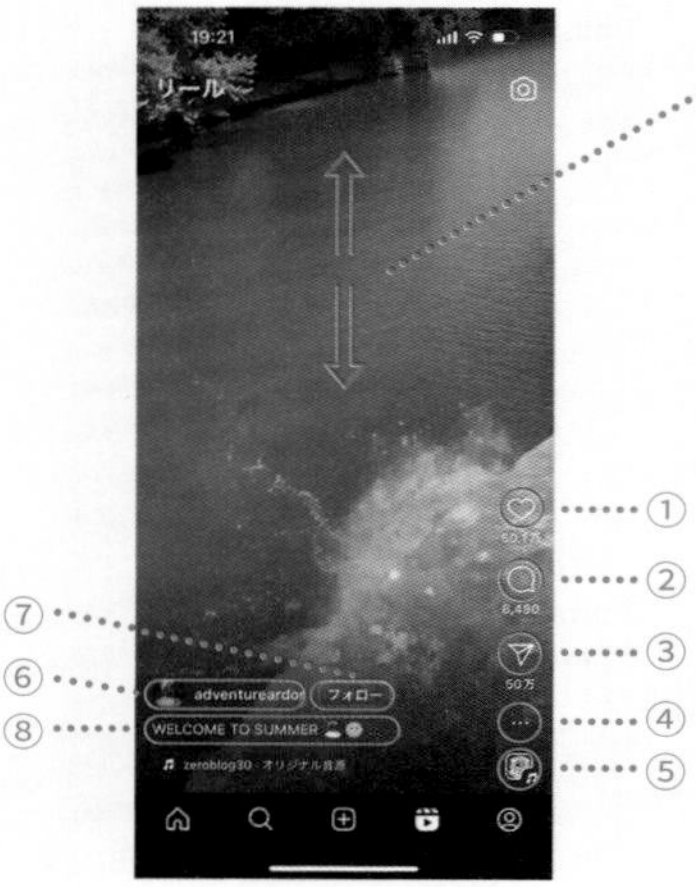

画面を上下にスワイプすることで他の動画を閲覧できる。

① いいねを付ける
② コメントを付ける
③ 他のユーザーと共有する
④ 動画の保存やリミックスなどが使える
⑤ 同じ楽曲の動画が一覧で表示される
⑥ 投稿者名。タップすると
プロフィールが表示される
⑦ フォローできる
⑧ リールのキャプションなどが表示される

リールを見るには

「発見」から見る

画面下部の「発見」（虫眼鏡アイコン）をタップした画面では、リールのアイコンがついている動画をタップすると視聴できる。キーワードで検索することも可能。

「リール」画面で見る

画面下部にある「リール」ボタンをタップすると、おすすめの動画が表示される。フォローしている人だけを表示するには、左上の「リール」をタップして切り替える。

「プロフィール」画面から見る

各ユーザーの「プロフィール」画面で、「リール」タブをタップすると、そのユーザーが投稿した動画の一覧が表示される。

リールの投稿方法

1

「Instagram」アプリの下部にある「＋」をタップする。

2

下部にあるバーをスワイプして「リール」を選択する。

3

動画を選択する。その場で撮影する場合は「カメラ」をタップして撮影する。

Q&A

Q. リールを見たことは投稿者に伝わるの？

A. リールの動画を視聴しても、投稿者には伝わらないので安心してください。24 時間で削除される「ストーリーズ」にショート動画を投稿した場合は、閲覧者として投稿者に伝わります。

Q. 特定の人だけにリールを見せることはできる？

A. 通常の投稿と同様に、「親しい友達」として登録したユーザーだけに見せることができます。

Q. おしゃれな動画を簡単に投稿する方法はある？

A. リールにはテンプレート（ひな型）があり、自分が撮影した動画や写真をはめ込んで、おしゃれな動画を簡単に作成できます。

Q. 動画の画質がよくないのはなぜ？

A. 「プロフィール」画面右上の「三本線」→「設定とプライバシー」→「メディアの画質」（Android

リールを投稿するには、カメラアプリで撮影した動画をアップロードするか、Instagram アプリ上で撮影して投稿します。動画だけだとインパクトが弱いので、楽曲を入れ、テキストやスタンプを追加しましょう。拍手やドアベルなどの効果音を入れることも可能です。パソコンの場合は、ブラウザーで Instagram のサイト（https://www.instagram.com/）にアクセスし、「作成」ボタンから動画を投稿するとリールとしてシェアされます。

4

下部のタイムラインで、両端をドラッグして必要な場面のみを囲み、「次へ」をタップする。

5

「♬」をタップして音源を選択する。テロップ（Aa アイコン）やスタンプ（付箋アイコン）なども追加し、「次へ」をタップする。

6

キャプション（説明）を入力し、「カバーを編集」をタップして表紙にする画面を選択する。「シェア」をタップすると投稿できる。

は「データ利用とメディア品質」で「最高画質でアップロード」をオンにします。ただしデータ通信量を使うので気を付けてください。

Q. 投稿したリール動画は削除できる？

A. 通常の投稿と同様に、いつでも削除できます。

Q. PCで編集した動画を投稿することはできる？

A. パソコンの場合は編集機能が少ないので、動画編集ソフトを使って編集しましょう。写真と同様に「作成」ボタンから動画をアップロードするとリールとして投稿できます。投稿時に切り抜きができますが、動画編集ソフトで比率を 9：16 にしておくのがおすすめです。

TikTokの特徴

斬新なショート動画を楽しめるSNS

TikTok（ティックトック）は、最長10分のショート動画を楽しめるサービスです。若者を中心に人気があり、ノリの良さがSNSの中では断トツで、ギャグセンスも斬新です。

TikTokアプリを開くとすぐに音楽と一緒に動画が流れるので、はじめての人は驚くかもしれません。ですが、そのまま視聴し続けていると、過去に見た動画や「いいね」に基づいて、AIがおすすめ動画を表示してくれます。これは他のSNSでも同じですが、TikTokのAIによるアルゴリズムは特に優れているため、おすすめ動画とフォローしている人の動画だけでも十分楽しめるはずです。

投稿する際には、スマホでもパソコンでも可能ですが、スマホの場合はエフェクト（特殊効果）やスタンプなどを使えるので、おもしろい動画を簡単に作成することができます。

また、ショート動画を気に入ってくれたユーザーから「いいね」を付けてもらえるだけでなく、ギフト（投げ銭）をもらうこともあります。ただし条件を満たしているアカウントが対象です。

そのような収益が欲しい場合はフォロワーを増やす必要があるので、おすすめ画面に載るように工夫しましょう。最初のシーンにこだわるだけでなく、1分以上のクオリティの高い動画を投稿することがポイントになります。オリジナルで魅力的な動画になるように投稿してください。

特徴

テンポの良い動画が多い

エフェクトやフィルタが豊富

ギフト（投げ銭）機能がある

仕様

最長時間	10分
解像度	720 × 1280ピクセル以上
アスペクト比	1.91:1 ～ 9:16
動画容量	10GB（最大）
ファイル形式	MP4/MOV/WebM/MPEG/3GP/AVU
BGMの有無	あり（無料）
編集機能	サウンド、テキスト、エフェクト、フィルター、テンプレート、速度、メイク、ステッカー、サウンドエフェクト、マジック、オーバーレイ、メンション、ハッシュタグ

TikTok動画の閲覧方法

TikTok動画を見るにはいくつかの方法があります。
ここではその閲覧方法と動画再生画面での操作について簡単に紹介します。

画面下部の「レコメンド」におすすめの動画が表示される。画面を上下にスワイプすることで他の動画を閲覧できる。

① フォローする
② いいねを付ける
③ コメントを付ける
④ 動画を保存する
⑤ SNSやメールで共有する
⑥ 同じ楽曲の動画が一覧表示される
⑦ タップすると投稿者のプロフィール画面が表示される
⑧ キャプションなどが表示される

TikTok動画を見るには

「フォロー中」から見る

「レコメンド」画面の上部にある「フォロー中」をタップすると、フォローしている人の動画が表示される。スワイプして次の動画を視聴する。

「友達」画面で見る

相互フォローしている人の動画が表示される。また、連絡先やFacebookと連携させている場合は知り合いの投稿が表示される。

「プロフィール」画面から見る

各ユーザーの「プロフィール」画面に投稿動画が一覧表示される。見てもらいたい動画が、先頭にピン留めされている場合もある。

TikTokの投稿方法

スマホで投稿する

1

「TikTok」アプリの下部にある「＋」をタップした後、撮影する秒数を選択する。「撮影」ボタンをタップすると撮影できる。撮影済みの場合は「アップロード」をタップして追加。

2

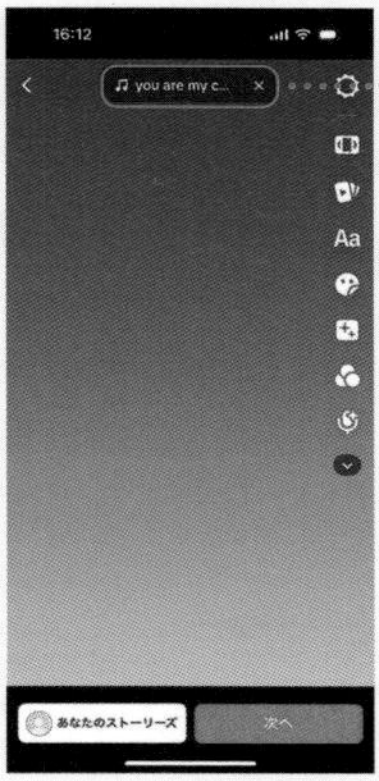

上部の「楽曲」ボタンをタップして曲を選択し、右側のボタンで文字やスタンプを追加する。できたら「次へ」をタップ。

3

説明文やハッシュタグを入力し、表紙となるカバーを選択して「投稿」をタップ。

Q&A

Q.　おすすめにあった動画をもう一度見たい。どうしたら見つかる？

A.　「プロフィール」画面右上の「三本線」のアイコンから「設定とプライバシー」→「アクティビティセンター」→「視聴履歴」をタップした画面から見ることができます。ただし、過去180日間に視聴した動画に限ります。

Q.　他のユーザーに気づかれずに動画を見ることはできる？

A.　「プロフィール」画面右上の「三本線」のアイコンから「設定とプライバシー」→「プライバシー」→「投稿の視聴数」→「投稿の視聴履歴」をオフにします。

Q.　特定の人だけに動画を見せることはできる？

A.　「プロフィール」画面右上の「三本線」のアイコンから「設定とプライバシー」→「プライバシー」→「非公開アカウント」をオフにすると、フォロワーだけに投稿動画を見せることが

TikTokでの動画投稿は、スマホでもパソコンでもできます。スマホの場合は、TikTokアプリ上で撮影することも、撮影済みの動画をアップロードすることも可能です。パソコンの場合は、ブラウザーでTikTok（https://www.tiktok.com/ja-JP/）にアクセスし、撮影した動画をアップロードします。ただし、パソコンの投稿画面は機能が豊富でないため、動画編集ソフトで編集してから投稿することをおすすめします。

パソコンで投稿する

1

「アップロード」をタップ

パソコンのブラウザーでTikTokにアクセスしてログインする。画面右上の「アップロード」をタップ。

2

ファイルを選択

「ファイルを選択」をクリックして投稿する動画を選択する。

3

動画を編集

説明やハッシュタグを入力。上部の「動画を編集」をクリックして楽曲の追加やトリミングが可能。カバーを選択して「投稿」をクリック。

できます。新たにフォローされたときは承認が必要です。

Q.　投稿した動画を再投稿されたくない。

A.　TikTokには、他のユーザーの投稿を再投稿して拡散できる機能があります。X（旧Twitter）の「リポスト」と同じような機能です。再投稿を不可にすることはできませんが、再投稿を見られるのは相互フォローしているユーザーのみなので安心してください。

Q.　他人の動画をダウンロードできる？

A.　動画の右端にある「矢印」アイコンをタップして「ダウンロード」をタップするとダウンロードできます。ただし、動画に「TikTok」のロゴが入ります。なお、投稿者がダウンロードを不可に設定している場合はダウンロードできません。

YouTubeとYouTubeショートの特徴

横型動画だけでなく縦型動画も人気

YouTube（ユーチューブ）は、Googleが提供している動画配信サービスです。YouTubeというと、テレビ画面と同じ横型の動画をイメージする人もいるでしょうが、2021年7月からは縦型のショート動画も楽しめるようになりました。

TikTokの場合は、アプリを起動するとすぐにショート動画が流れますが、YouTubeアプリの場合は、画面下部の「ショート」をタップした画面にショート動画が表示されるようになっています。パソコンで視聴する場合も、横型動画とは別にショート動画を表示させるスペースがあり、マウスのスクロールボタンを使うか、画面右下の↓をクリックして次の動画を視聴します。

YouTube動画を見るときはログインしなくても可能ですが、投稿する場合はログインが必要です。また、パソコンのブラウザーから投稿する場合、縦型動画でも60秒を超えるとショート動画ではなく、通常の動画として投稿されるので注意しましょう。

YouTubeの場合、広告収入を目指す人も多いですが、ショート動画で収益化の条件を満たすには、「チャンネル登録者数が1,000人以上、ショート動画の視聴回数が直近90日間で1,000万回以上」が必要です。1再生あたりの単価も低いです。そのため横型動画と並行して投稿することをおすすめします。

YouTubeショートの特徴

横型動画と一緒に楽しめる

60秒までがショート動画

収益化の対象になる

YouTubeショートの仕様

最長時間	60秒
解像度	1080 × 1920 ピクセル以上
アスペクト比	9:16
ファイル形式	MP4/AVI/WEBM/MO/MPEG/FLV/3GPPなど
BGMの有無	あり（無料）
編集機能	サウンド、テキスト、エフェクト、フィルタ、速度、レタッチ、グリーンスクリーン、メンション、ハッシュタグ

YouTubeショートの閲覧方法

YouTube ショートを見るにはいくつかの方法があります。
ここではその閲覧方法と YouTube ショート再生画面での操作について簡単に紹介します。

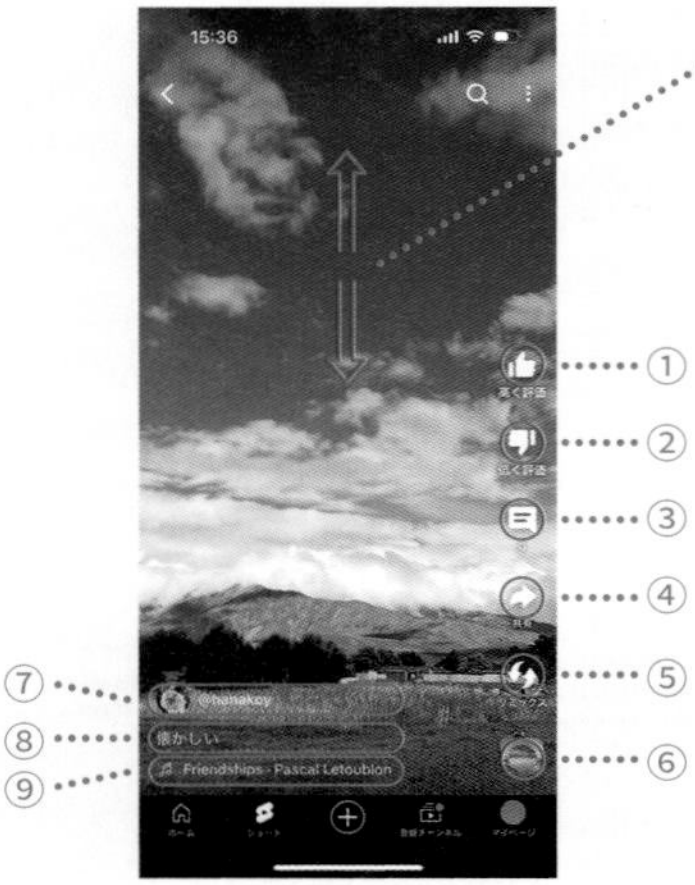

画面下部の「ショート」をタップするとショート動画が表示される。画面を上下にスワイプすることで他の動画を閲覧できる。

① 高評価を付ける
② 低評価を付ける
③ コメントを付ける
④ SNS やメールで共有する
⑤ この動画を使って投稿できる
⑥ 同じ楽曲の動画が一覧表示される
⑦ 投稿者名。タップするとプロフィール画面が表示される
⑧ キャプションなどが表示される
⑨ 楽曲のタイトルが表示される

YouTubeショートを見るには

「ホーム」画面から見る

YouTube アプリの画面下部にある「ホーム」には、横型動画と一緒にショート動画も表示される。

「プロフィール」画面から見る

各チャンネルの「プロフィール」画面の「ショート」タブをタップすると、ショート動画の一覧が表示される。

「#shorts」タグで検索する

画面上部の「検索アイコン（虫眼鏡）」をタップし、検索窓に「#shorts」と入力して検索するとショート動画が表示される。

YouTubeショートの投稿方法

スマホで投稿する

1

撮影時間を選択

撮影ボタン

2

テキストボタン

3

アップローボタン

「YouTube」アプリの下部にある「+」をタップし、「ショート」をタップ。右上で15秒か60秒を選択して「撮影」ボタンで撮影。撮影済みの場合は「アップロード」をタップして追加する。

サウンドやテキストを追加し、「次へ」をタップ。

説明文やハッシュタグを入力し、カバーを選択して「ショート動画をアップロード」をタップ。

Q&A

Q.　一度見たショート動画をもう一度見たい。

A.　画面下部の「マイページ」をタップし、「履歴」をタップした一覧から探すことができます。パソコンの場合は画面左にある「履歴」をクリックします。

Q.　お気に入りのショート動画をまとめて視聴したい。

A.　ショート動画の右上にある「三点リーダー（…）」ボタンから「再生リストに保存」で保存すると、画面下部の「マイページ」で視聴できます。パソコンの場合はショート動画の右下にある「三点リーダー」をクリックし「再生リストに保存」。画面左端の「マイページ」で視聴します。

Q.　投稿したショート動画を削除したい。

A.　画面右下の「マイページ」をタップし、「作成した動画」をタップして、削除したい動画の「三点リーダー」ボタンをタップして「削除」をタップします。パソコンの場合は、画面右上の

YouTubeにショート動画を投稿する場合は、YouTubeアプリでログインする必要があります。YouTubeアプリ上で撮影することも、すでに撮影した動画をアップロードすることも可能です。パソコンの場合は、YouTube（https://www.youtube.com/）にアクセスし、撮影した動画をアップロードします。ただし、ショート動画であることをYouTubeに認識させるに60秒以内の縦型動画をアップロードしてください。また、おすすめに載りやすいように、タイトルか説明欄に「#shorts」と入力します。

パソコンで投稿する

1

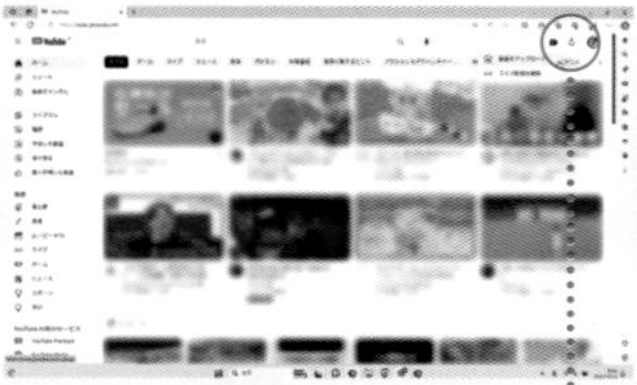

「作成」、「動画をアップロード」をクリック

パソコンのブラウザーでYouTubeにアクセスし、ログインする。画面右上の「作成」をクリックし、「動画をアップロード」をクリック。「ファイルを選択」をクリックして投稿する動画を選択する。

2

タイトルや説明文を入力

タイトルや説明を入力する。おすすめに載りやすくするために「#shorts」も入力する。子供向けか否かも選択し、「次へ」をクリックしていく。

3

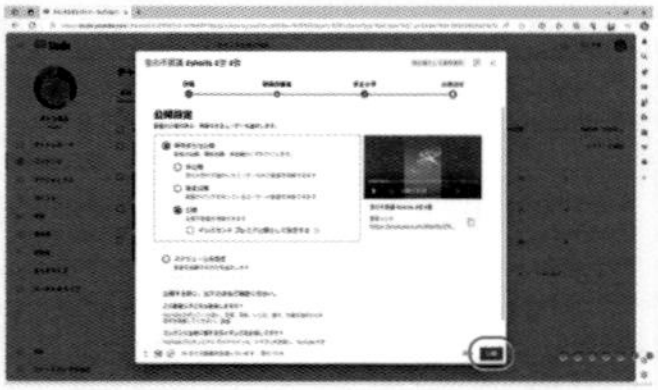

公開する

最後の画面で「公開」を選択して「投稿」をクリック。

プロフィールアイコンをクリックして、「YouTube Studio」をタップして移動してください。「コンテンツ」をクリックし、「ショート」タブにある動画をポイントし、「三点リーダー」をクリックして「完全に削除」をクリックします。

Q.　投稿したショート動画をダウンロードできる？

A.　他人の動画をダウンロードできません。自分の動画はパソコンのYouTube Studioのコンテンツで、動画の「三点リーダー」をクリックして「ダウンロード」をクリックします。

Q.　ショート動画の視聴回数や総再生回数を知りたい。

A.　投稿した動画の左下にある「アナリティクス」をタップすると視聴回数や視聴者維持率が表示されます。さらに詳しく分析したい場合は、YouTube Studioアプリをインストールし、「アナリティクス」画面で確認してください。パソコンの場合も、YouTube Studioで分析します。

動作確認環境：iPhone15 Pro（iOS17.2）/ Instagram（ver.312.0.0）/ TikTok（ver.32.6.0）/ YouTube（ver.18.49.3）

付録2

僕が大切にしている7つのこと

1

仲間を大切にする

初心を絶対に忘れない

2021年の春、僕は一眼レフカメラを購入した。カメラを片手に、フォトグラファーぶって街へくりだし、「写真を撮らせてください」と、街中でひたすら声をかけ、被写体をスカウトしました。この頃の僕はまだ Instagram のフォロワーはわずか数人。クリエイターとしての実績も技術も何もない。ISO 感度とシャッタースピードの違いもわかっておらず、ジンバルのセッティングに１時間ぐらいかかったりしていました。

そんな僕についてきてくれた、初期メンバー、あすか、はるか、みなみ、かな。真夏のクソ熱い中、段取りの悪い僕の撮影に朝から晩まで一日中撮影につきあってくれました。彼女たちのおかげで僕の技術は上達し、映像クリエイターとして基盤をつくることができました。

あれから２年、現在も彼女たちと楽しく撮影しています。時々、あすかに「さすがっすね、師匠！」とギャグ交じりで言われると、初心に戻り背筋が伸びます(笑)。

初心忘るべからず、僕のクリエイターとしての原点はここにあります。**僕の知名度が上がっていくにつれて、彼女たちと撮った作品の価値は上がっていく**。Kiona さんを信じてよかったと、思ってもらえるためにも僕は頑張っていきたい。

活動当初から筆者を支えてくれた、あすか (@azu_lenz)、はるか (@harudom123)、みなみ (@minamisgraph)、かな (@chuki_ka72)

2

企業、開発者の情熱を感じる

情熱には情熱で返す (Sony Xperia 公式アンバサダー)

2022年初頭、僕は Sony Xperia の公式アンバサダーに就任しました。この頃の僕の

Instagram のフォロワーは１万人。「大した影響力も映像技術もないのに何で僕が選ばれたんだろう」。ものすごく不思議でした。ソニー社内の方々に直接聞いてみたところ、「僕は Kiona さんの作品が純粋に好きなんですよ」と。

ソニーの方々は、**フォロワーとか表面的な数字ではなく、僕の情熱、思いを作品から感じてくれていた**。彼らは情熱を燃やし、こだわりぬき、魂を込めて Xperia を開発してます。職人魂が詰まりまくってます。

Xperia アンバサダーに就任してはや２年。映像クリエイターとして初の大手の仕事であり、就任したことがきっかけで、さまざまな出会いにも恵まれ、たくさんのことを学びました。「Kiona さんの思うままに Xperia で作品を作ってくださいね！」と言ってくださっている Xperia チームを思うと僕の胸は熱くなります。「彼らのためにもバズる作品を生み出したい」と強く思います。

Xperia 公式サイトの筆者のページ

3
感謝の気持ちを忘れずに

すべてに全力を尽くす（ヤシカジャパンとの出会い）

2022年の春、Instagram のかわいいワンちゃんのアイコンが印象的なアカウントから DM が届きました。「香港に買収されているヤシカカメラが日本に再上陸します。その PR 映像を作っていただきたい」と。この頃の僕のフォロワー数はまだ１万人をちょい超えたぐらい。歴史あるヤシカというブランドの再上陸映像。僕なんかでいいのか。謎と不安と興味を胸に、そのアカウントの持ち主（のちに個人アカウントと判明）、ヤシカジャパン・代表取締役・近藤さんと出会います。なんと近藤さんは初めて出会って、数分話しただけの僕に、「**Kiona さんの思うように作品をつくってください。すべて任せます**」。いきなり信用してくれて全部ゆだねてくれました。

「何もない自分を信じてくれている」。これほど僕の胸を熱く燃やす添加剤はありません。近藤さんのために、ヤシカのために全力を尽くそう。こうして日本を代表する縦型映像コンテストで準グランプリを受賞することになったヤシカ商品を使った作品『Way back Home』（P20 参照）が完成しました。

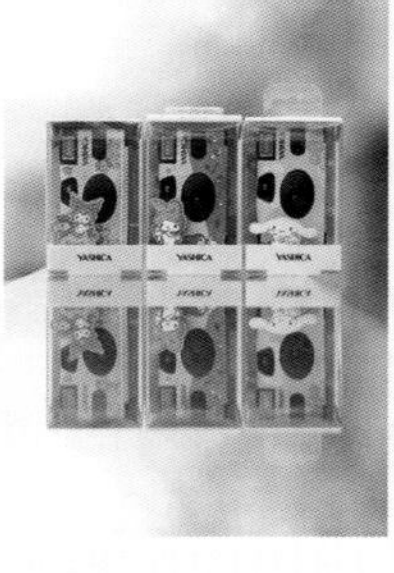

パッケージがキュートなヤシカのフィルムカメラ「ヤシカフィルムカメラ MF-1」

4
好きを極める

「好き」からつながる奇跡の出会い

僕にはビンテージギターオタクというもう一つの顔があります。

ギターが好きすぎて、20代の頃はアメリカのギターショーに頻繁に出向いたり、ロサンゼルスに長期滞在したり、とにかく好きなギターを買いあさりコレクションしました。「この美しいギターの音を世界中にシェアしたい」。2008年、自分のビンテージギターたちを、このときともに活動していたアーティストの古澤剛君とYouTubeにアップしはじめます。次に、ビンテージギターの音色をどう美しく届けるかにこだわりはじめ、独学でレコーディングの世界に足を踏み入れました。マイクの位置を1cm変えるだけで音が違うとか、今日は雨だから音の抜けが悪いとか、一般人には到底理解できない世界。NEUMANN（コンデンサーマイク）、Manley（マイクプリアンプ）、気がつけば自宅がプロのレコーディングスタジオになってました。この頃はまだ、YouTubeで音楽を発信している人は数える程度しかいなかったので、僕のチャンネルはすごく注目されました。世界中から毎日届く、賛否両論のメッセージ。

そんな中、一通のメールが届きます。「初めまして、コブクロというユニットで活動しております小渕健太郎と申します」。なんと、小渕さんご本人からのメールが。その翌日、僕らはさいたまスーパーアリーナのコブクロのコンサートに招待され、小渕さんとご縁がつながりと、映画のようなドラマが起こります。ふりきって好きなことを追求し、発信し続けると、想像を超えた必然の奇跡の出会いが必ず起こります。Sony Xperiaや、DJI、その他すべて、自分の好きを追求したからこそつながった縁です。**自分の気持ちに正直になり、思う存分とことん好きを追求し発信してください！**

5
大和魂

Maid in Japan 職人魂が詰まった映像三脚 Libec

2023年11月、僕は多数の海外の取引先企業から招待され、Inter BEE 2023という音と映像と通信のプロフェッショナル国際展示会に行きました。SmallRig, NANLITE, Hollyland, SIRUI, TILTA, saramonic。インスタのDMでやり取りし、仕事を受けていた企業の人たちと直接お会いできました。彼らは自分たちのブランドを愛し、仕事に誇りをもっており前向きで超ポジティブなのです。特に中国企業の凄さに圧倒されました。ある担当者は「OMG!! I know you!! I love your video!! It,s so special!! I want to give you our new product.」と歓迎してくれました。

そしてたくさんのお土産（高額の新機材）を、総額50万円ぐらいをいただきました。この決断力と羽振りのよさ。

「中国企業マジすごい。この勢い、パワー、すべてにおいて半端ない」と圧倒されると同時に、日本企業の元気のなさを寂しく思いました。イベント終了10分前、三脚のブースに入りました。名前は「Libec」。

三脚を触らせてもらうと、上質できめ細やかなつくり、滑らかな動き、とにかくクオリティーが違う。特に感動したのは、雲台がとにかく滑らかで、止めたい所でピタッと止まる。僕がこの三脚に夢中になっていると、男性スタッフが話しかけてきてくれました。「平和精機工業株式会社のLibecという日本の映像三脚メーカーです」。

最後に日本企業との出会いがあったのです（恥ずかしながら、日本の超老舗メーカーLibecを知りませんでした。国内シェアをほぼ占めている凄い三脚メーカーです）。その男性からは三脚愛を半端なく感じました。彼は、僕のその場で思い浮かんだ作品のアイデアを聞くに、「それ、面白うそうです!! 今度、弊社に遊びに来てください」とすごい熱量。その彼から名刺を受け取ると、「代表取締役社長　山口宏一」。社長さんだったんかい！（笑）。後日、平和精機工業株式会社のLibec様の会社に行き、ものすごいスピードで意気投合しました。

2024年1月、僕はLibec公式アンバサダーに就任しました。**日本企業は腰が重いという僕の固定概念をぶっ壊すスピード感と行動力、何よりも出会って間もない僕のことを信用し、期待してくれていること**が純粋にうれしかった。日本人としてMade in Japanの素晴らしさを世界に発信すること。これほど僕の心を燃やす仕事はありません。

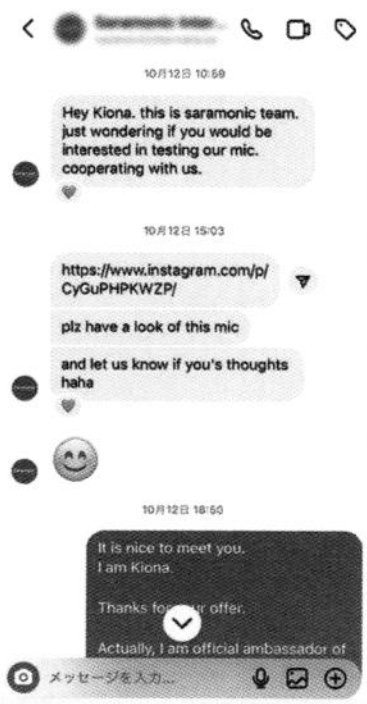

海外からのオファーはDMで来る

Made in Japan。Libecの三脚とともに

6 冷静に、客観的に分析する

『-Nikon Presents-Vertical Movie Award』に学んだこと

2023年、僕は『Way back Home』という作品で、「-Nikon Presents- Vertical Movie Award 2023」で準グランプリを受賞しました。僕の作品を選んでいただいたNikon様には本当に感謝しております。

同時に、このコンテストに参加したことによって、今の日本のエンタメの現状、日本の映像業界の現状、なぜ日本があらゆるジャンルにおいて、世界から後れをとってしまってきているのかという理由に気づきました。

コンテストには、４人の審査員がいらっしゃいました。彼らはマスメディアなど世界では実績もキャリアもある実力者。しかしこの審査員の方々自身、縦型映像の主戦場でもあるSNSと真剣に向き合っていない印象でした。また、彼らは僕がバズらせるために仕掛けた、細かい映像テクニックに、何一つ気がついてませんでした。

無名である僕はこのときすでに、２年の活動期間で、無名の役者さんたちとつくったSNS作品の合計の再生回数はすでに１億回を超えていました。日本を代表するクリエイターの審査員のみなさんは、「**無名のクリエイターと無名の役者**」がつくった「**1分30秒**」という「**長い尺**」の作品が、**長尺の映像はめちゃくちゃ伸びにくい**Instagramの世界で、20万回も再生されていることの価値と意味にまったく気がついていない様子でした。現代の地上波のTVで平均視聴率50%を取るぐらいの難易度だと思います。

映画、ドラマ、バラエティ、テレビCM、YouTube, TikTokなどの、SNS動画、映像の世界にはさまざまなジャンルがあります。みなさんに理解して欲しいのは、**同じ映像の世界でも、それぞれつくり方、「必要な技術」が全然違う**ということ。「縦型動画の代名詞」となる作品を決める動画アワードの審査員が、現代の縦型動画が何なのかさえまったく理解していない。これが日本の最先端といわれているクリエイターなのか。

SNSの世界はいいね数や再生数など結果がはっきりしており、プロもアマチュアもない。みんな平等で同じ舞台に立っているのです。国民的スターがSNSでがんばって映像を発信しても、全然伸びず、失敗しているケースが多いのは、その人自身の魅力不足か、その人自身の魅力の表現方法、つまりは**「現代の映像制作の技術」が足りない**からだと思います。

『-Nikon Presents- Vertical Movie Award』で準グランプリを受賞

7
賢く、要領よく、ブレない気持ちをもつ

駆け出しのクリエイターさんへ。気をつけてほしいこと

一眼レフカメラを持ち、クリエイターとして活動していると、いろんな人たちから「無料で撮って」とお願いされます。関係の深い家族や恋人、友人ならば問題ないのですが、「上手く利用してやろうと」近寄ってくる方々がたくさんいます。僕がフォロワー２万人ぐらいのとき、国内大手企業の人と知り合いました。「うちの仕事をできるってすごいことなのわかってるよね」と高圧的で、「これをやったら次は大きく予算がおりるから」と人参をぶら下げて断りにくい環境を作り、僕と被写体の子たちに、１００万円以上の規模感の稼働内容をほぼノーギャラで仕事依頼してきました。(予算が出ていることは別の人から確認済み、悪質なギャラの中抜きパターンです)。

僕のクリエイター１年目はどのような理不尽な仕事も修行と考え、「はい！がんばります！」と、ものすごい数をほぼ無償でこなしてきました。同時に僕はこのとき、クリエイターを大切に思ってくれている人たちを冷静に見極めておりました。２年目からは、**どのクライアントにもストレートに言いたいことを全部言い、Yes,No 超はっきりしてます**。クリエイターを軽視してくる理不尽な人たちはバッサバッサと切り倒し、僕のことを大切にしてくれてきた人たちにの依頼には、どんな条件でもできる限り全力で応えております。一年目とは別人なので、僕の変わりようにビックリしている方々が多いと思います（笑）仕事ならと藁をもすがる気持ちは痛いほどわかりますが、あなたはすでに何十万円ものお金を投資して機材をそろえ、活動しているはず。あなたが撮る写真一枚、映像ワンカットには、たくさんの思いが詰まってます。クリエイターとして自信と誇りを持ち、客観的に自分自身のレベルや立場を分析し理解した上で、言いたいことははっきりと主張、しっかりと仕事としての線引きをしましょう。

もうひとつ、**稼働内容、ギャラなど、契約にはとことん気をつけましょう**。海外の仕事は特に契約書は命です。僕は銀座の栄枝総合法律事務所と顧問契約をしており、契約ごとはすべて顧問弁護士の栄枝先生に任せております。個人間など、それ以外の場合で契約書を準備できないときは、必ずメールで、「報酬、動画の尺、動画の内容、納期、投稿先、二次利用はどこまで」みたいな感じで、稼働の内容を記載しお互いに確認しておきましょう。

筆者の制作環境紹介

（※2024年2月現在）

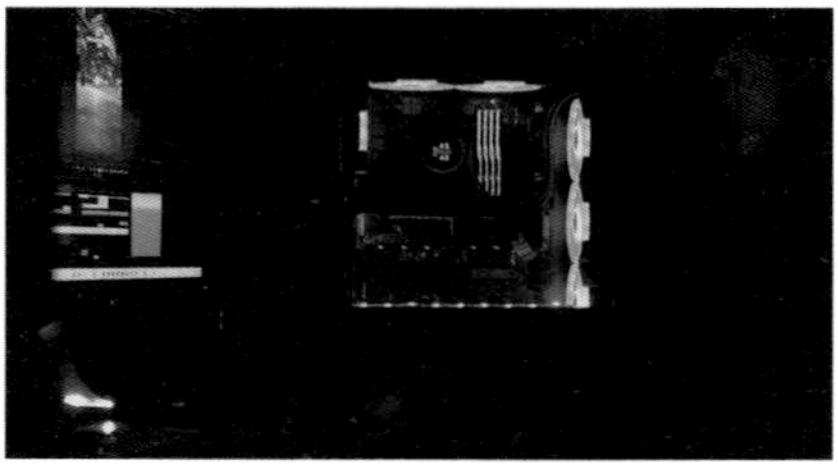

編集環境

自作PC

マザーボード	TUF GAMING H770-PRO WIFI
CPU	Intel Core i9 13900K BOX
メモリー	F5-6000J3636F32GX2-TZ5RK（2枚）
SSD	Samsung 990 PRO 4TB PCIe Gen 4.0 x4,／ トランセンド 4TB SSD M.2(2280) NVMe PCIe Gen4×4 （2枚）
グラフィックボード	GeForce RTX 4090 GAMING X SLIM 24G
電源ユニット	MEG Ai1300P PCIE5
CPUクーラー	Kraken 360 RL-KN360-B1

モニター　Dell 32 4K USB-Cハブ モニター - U3223QE（2台）

ノートPC　GALLERIA UL9C-R49

CPU	インテル Core i9-13900HX (最大5.4GHz/24コア/32スレッド)
メモリー	64GB DDR5 SO-DIMM (PC5-38400/32GBx2)
SSD	トランセンド 4TB SSD M.2(2280) NVMe PCIe Gen4×4 （2枚増設）
グラフィックボード	NVIDIA GeForce RTX4090 16GB LaptopGPU + インテル UHD グラフィックス

ソフトウエア

OS	Windows 11
アプリケーション	Adobe Premiere Pro

撮影機材

カメラ（SONY）　α7S III／FX3／Xperia 1V（スマートフォン）

レンズ（SONY）　FE 14mm F1.8 GM／
FE 24mm F1.4 GM／
FE 35mm F1.4 GM／
FE 50mm F1.2 GM／
FE 85mm F1.4 GM／
FE 85mm F1.4 GM／
FE 24-70mm F2.8 GM II／
FE 70-200mm F2.8 GM OSS II／
FE 200-600mm F5.6-6.3 G OSS

著者プロフィール

Kiona（キオナ）

ジャンルレスの映像をつくるマルチクリエイター。

武田鉄矢氏のマネージャーになることがきっかけで音楽業界、エンターテインメントの世界に入る。その後、さまざまなアーティストのマネージメント、プロデュースを手掛け、2021年より自身がクリエイターとして活動開始。

インスタグラムに投稿した映像作品の合計再生回数は1億回を超え、現在のSNS総フォロワー35万人。

Sony Xperia、DJI JAPAN、浅草観光連盟など、多くの国内外企業のオフィシャルアンバサダーを務める。

Instagram　@kiona_produce

https://www.instagram.com/kiona_produce/

撮影協力　Asuka, Haruka, Minami, Kana, Natsuka, Yukiya, Yuya Yamazaki,
Raiya Nakajima, Calen , シンディ（桑原茉萌）

縦《たて》型《がた》動《どう》画《が》で世界《せかい》を制《せい》す
一瞬《いっしゅん》のマジックで心《こころ》をつかむ方法《ほうほう》

2024年3月22日　初版　第1刷発行

著者　Kiona《キオナ》

発行者　片岡 巌
発行所　株式会社 技術評論社
東京都新宿区市谷左内町 21-13
電話　03-3513-6150　販売促進部
03-3513-6185　書籍編集部
Web　https://gihyo.jp/book

製本・印刷　大日本印刷株式会社

デザイン　中島雄太（YUTA Design Studio Inc.）
執筆協力　砂田明子、桑名由美（ワイズベスト）
編集　塚越雅之（TIDY）
担当　伊東健太郎（技術評論社）

定価はカバーに表示してあります。

造本には細心の注意を払っておりますが、万一、乱丁（ページの乱れ）や落丁（ページの抜け）が
ございましたら、小社販売促進部までお送りください。送料小社負担にてお取替えいたします。

ISBN 978-4-297-14075-5 C3055
Printed in Japan